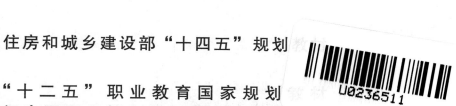

住房和城乡建设部"十四五"规划

"十二五"职业教育国家规划

经全国职业教育教材审定委员会审定

住房和城乡建设部中等职业教育建筑施工与建筑装饰专业指导委员会规划推荐教材

建筑工程安全管理

（第二版）

（建筑工程施工专业）

钱正海　主　编

郭秋生　蒋　翔　副主编

中国建筑工业出版社

图书在版编目（CIP）数据

建筑工程安全管理/钱正海主编．—2版．—北京：
中国建筑工业出版社，2021.7（2023.7 重印）
住房和城乡建设部"十四五"规划教材　"十二五"
职业教育国家规划教材　经全国职业教育教材审定委员会
审定　住房和城乡建设部中等职业教育建筑施工与建筑装
饰专业指导委员会规划推荐教材．建筑工程施工专业
ISBN 978-7-112-26129-1

Ⅰ.①建…　Ⅱ.①钱…　Ⅲ.①建筑工程—安全管理—
中等专业学校—教材　Ⅳ.① TU714

中国版本图书馆 CIP 数据核字（2021）第 082158 号

本书依据教育部颁布的《中等职业学校建筑工程施工专业教学标准(试行)》编写，全书共计 6 个模块，
内容包括：安全生产宏观管理、项目安全策划、资源环境安全检查、作业安全管理、安全事故防范、安
全资料管理。本书可作为职业教育土建类专业教材，也可供工程一线从事本专业的工程人员学习使用。

本教材为数字化立体教材，配备了大量数字资源，主要为相关视频和文档，微信扫描二维码即可免
费获得。为了更好地支持相应课程的教学，我们向采用本书作为教材的教师提供课件，有需要者可与出
版社联系。建工书院:http://edu.cabplink.com，邮箱:jckj@cabp.com.cn，2917266507@qq.com，电话:（010）
58337285。

责任编辑：聂　伟　李　阳　刘平平
责任校对：党　蕾

本书导学

住房和城乡建设部"十四五"规划教材
"十二五"职业教育国家规划教材
经全国职业教育教材审定委员会审定
住房和城乡建设部中等职业教育建筑施工与建筑装饰专业指导委员会规划推荐教材

建筑工程安全管理（第二版）
（建筑工程施工专业）

　　　　钱正海　主　编
郭秋生　蒋　翔　副主编
　　*
中国建筑工业出版社出版、发行（北京海淀三里河路 9 号）
各地新华书店、建筑书店经销
北京点击世代文化传媒有限公司制版
北京圣夫亚美印刷有限公司印刷
　　*
开本：787 毫米 ×1092 毫米　1/16　印张：17¼　字数：270 千字
2021 年 11 月第二版　2023 年 7 月第四次印刷
定价：**49.00** 元（附配套数字资源及赠教师课件）
ISBN 978-7-112-26129-1
　　　（37711）

本系列教材编委会 ◆◆◆

出版说明 ◆◆◆

　　党和国家高度重视教材建设。2016 年，中办国办印发了《关于加强和改进新形势下大中小学教材建设的意见》，提出要健全国家教材制度。2019 年 12 月，教育部牵头制定了《普通高等学校教材管理办法》和《职业院校教材管理办法》，旨在全面加强党的领导，切实提高教材建设的科学化水平，打造精品教材。住房和城乡建设部历来重视土建类学科专业教材建设，从"九五"开始组织部级规划教材立项工作，经过近 30 年的不断建设，规划教材提升了住房和城乡建设行业教材质量和认可度，出版了一系列精品教材，有效促进了行业部门引导专业教育，推动了行业高质量发展。

　　为进一步加强高等教育、职业教育住房和城乡建设领域学科专业教材建设工作，提高住房和城乡建设行业人才培养质量，2020 年 12 月，住房和城乡建设部办公厅印发《关于申报高等教育职业教育住房和城乡建设领域学科专业"十四五"规划教材的通知》（建办人函〔2020〕656 号），开展了住房和城乡建设部"十四五"规划教材选题的申报工作。经过专家评审和部人事司审核，512 项选题列入住房和城乡建设领域学科专业"十四五"规划教材（简称规划教材）。2021 年 9 月，住房和城乡建设部印发了《高等教育职业教育住房和城乡建设领域学科专业"十四五"规划教材选题的通知》（建人函〔2021〕36 号）。为做好"十四五"规划教材的编写、审核、出版等工作，《通知》要求：（1）规划教材的编著者应依据《住房和城乡建设领域学科专业"十四五"规划教材申请书》（简称《申请书》）中的立项目标、申报依据、工作安排及进度，按时编写出高质量的教材；（2）规划教材编著者所在单位应履行《申请书》中的学校保证计划实施的主要条件，支持编著者按计划完成书稿编写工作；（3）高等学校土建类专业课程教材与教学资源专家委员会、全国住房和城乡建设职业教育教学指导委员会、住房和城乡建设部中等职业教育专业指导委员会应做好规划教材的指导、协调和审稿等工作，保证编写质量；（4）规划教材出版单位应积极配合，做好编辑、出版、发行等工作；

（5）规划教材封面和书脊应标注"住房和城乡建设部'十四五'规划教材"字样和统一标识；（6）规划教材应在"十四五"期间完成出版，逾期不能完成的，不再作为《住房和城乡建设领域学科专业"十四五"规划教材》。

住房和城乡建设领域学科专业"十四五"规划教材的特点：一是重点以修订教育部、住房和城乡建设部"十二五""十三五"规划教材为主；二是严格按照专业标准规范要求编写，体现新发展理念；三是系列教材具有明显特点，满足不同层次和类型的学校专业教学要求；四是配备了数字资源，适应现代化教学的要求。规划教材的出版凝聚了作者、主审及编辑的心血，得到了有关院校、出版单位的大力支持，教材建设管理过程有严格保障。希望广大院校及各专业师生在选用、使用过程中，对规划教材的编写、出版质量进行反馈，以促进规划教材建设质量不断提高。

住房和城乡建设部"十四五"规划教材办公室

2021 年 11 月

序言 ◆◆◆

　　住房和城乡建设部中等职业教育专业指导委员会是在全国住房和城乡建设职业教育教学指导委员会、住房和城乡建设部人事司的领导下，指导住房城乡建设类中等职业教育（包括普通中专、成人中专、职业高中、技工学校等）的专业建设和人才培养的专家机构。其主要任务是：研究建设类中等职业教育的专业发展方向、专业设置和教育教学改革；组织制定并及时修订专业培养目标、专业教育标准、专业培养方案、技能培养方案，组织编制有关课程和教学环节的教学大纲；研究制订教材建设规划，组织教材编写和评选工作，开展教材的评价和评优工作；研究制订专业教育评估标准、专业教育评估程序与办法，协调、配合专业教育评估工作的开展等。

　　本套教材是由住房和城乡建设部中等职业教育建筑施工与建筑装饰专业指导委员会（以下简称专指委）组织编写的。该套教材是根据教育部2014年7月公布的《中等职业学校建筑工程施工专业教学标准（试行）》《中等职业学校建筑装饰专业教学标准（试行）》编写的。专指委的委员参与了专业教学标准和课程标准的制定，并将教学改革的理念融入教材的编写，使本套教材能体现最新的教学标准和课程标准的精神。教材编写体现了理论实践一体化教学和做中学、做中教的职业教育教学特色。教材中采用了最新的规范、标准、规程，体现了先进性、通用性、实用性的原则。本套教材中的大部分教材，经全国职业教育教材审定委员会的审定，被评为"十二五"职业教育国家规划教材。

　　教学改革是一个不断深化的过程，教材建设是一个不断推陈出新的过程，需要在教学实践中不断完善，希望本套教材能对进一步开展中等职业教育的教学改革发挥积极的推动作用。

住房和城乡建设部中等职业教育建筑施工与建筑装饰专业指导委员会

2015年6月

本次修订主要根据最新的标准、规范，按照教学实际和岗位要求，对书中实用价值较低的部分进行了删减精炼，并将装配式建筑、建筑信息模型、1+X 等内容有机地融合进教材。

本教材为数字化立体教材，配备了大量数字资源，主要为相关导学视频和文档，微信扫码即可免费获得。

本次修订由浙江建设技师学院钱正海、蒋翔，北京财贸职业学院郭秋生负责，浙江建设技师学院王梁英、徐震、赵祺、刘秀侠、杨帆参与修订工作。其中蒋翔负责模块 2、模块 5 的修订，徐震负责模块 1、模块 6 的修订，王梁英负责模块 3 的修订，赵祺负责模块 4 的修订。数字资源由刘秀侠、杨帆制作。

本书教学内容及课时安排如下：

项目序号	项目内容	参考教学学时
模块 1	安全生产宏观管理	6
模块 2	项目安全策划	6
模块 3	资源环境安全检查	10
模块 4	作业安全管理	10
模块 5	安全事故防范	26
模块 6	安全资料管理	6
合　计		64

由于编者水平有限，加之修编时间仓促，书中难免有疏漏和不当之处，敬请广大师生批评指正，以便进一步修改完善。

编者

2021 年 9 月

前言 ◆◆◆

本书是中等职业学校建筑工程施工专业的专业方向课的教材。本书根据《中等职业学校建筑工程施工专业教学标准（试行）》，以培养高素质技能人才为目标，结合建筑企业安全员等岗位核心能力和行业规范要求编写。

本书主要针对中等职业学校学生和从事建筑安全生产管理的从业人员，系统地论述了安全生产管理知识。通过以点带面的方式，详细介绍了施工现场各类易发性安全事故的控制要点和控制方法，力求使学生在学习过程中，提高对安全生产管理工作的认识。

本书以任务引领的形式，围绕相应职业活动组织教学，适应以学生为主体，进行"做中学、做中教"的教学模式改革需要。这种教学模式有利于激发学生学习的积极性和主动性。教材内容浅显易懂，注重学生专业理论知识的学习和实际操作能力的培养。

本书教学内容及课时安排如下：

项目序号	项目内容	参考教学学时
模块 1	安全生产宏观管理	6
模块 2	项目安全策划	6
模块 3	资源环境安全检查	10
模块 4	作业安全管理	10
模块 5	安全事故防范	26
模块 6	安全资料管理	6
合　计		64

本书由浙江建设技师学院钱正海（高级讲师）担任主编，北京城市建设学校郭秋生（高级讲师）、浙江建设技师学院蒋翔（高级讲师）担任副主编，其中钱正海编写模块 3 和模块 4，并负责全书的统稿；郭秋生编写单元 5.1 单

元 5.2 和模块 6；蒋翔编写单元 5.3～单元 5.7；安徽建设学校张齐欣（高级讲师、高级工程师）编写模块 1 和单元 5.8；浙江建设技师学院郭靓（高级讲师）编写模块 2。全书由杭州广厦建筑监理有限公司吴学锋（高级工程师）主审。

本书在编写过程中得到了浙江建设技师学院的大力支持，王梁英、徐震、赵祺等为本书的编写做了大量的基础性工作，搜集了大量的案例资料和图片，在此一并谢过。

在本书的编写过程中，参考和引用了大量的文献资料，在此谨向原书编者表示衷心感谢。由于编者水平有限，且加之时间仓促，书中难免有疏漏和不当之处，敬请广大读者批评指正，以便进一步修改和完善。

编者

2014 年 11 月

目录 ◆◆◆

模块 1
安全生产宏观管理

【模块描述】

码 1-1　模块 1 导学

　　安全管理（Safety Management）是管理学的一个重要分支学科，它是为了实现安全目标而进行的有关决策、计划、组织和控制等方面的活动。它主要是运用现代化安全管理原理、方法和手段，分析研究各种不安全因素，从技术、组织和管理等方面采取有力的措施，解决和消除各种不安全因素，防止事故的发生。

　　通过本模块学习，学生能够：了解安全管理、安全生产的基本概念；熟悉建筑工程施工现场安全管理的范围、安全管理的原则；理解安全生产方针和安全生产管理体制；了解建筑工程安全生产相关的法律法规。

单元 1.1　建筑工程安全管理基本概念

　　通过本单元的学习，学生能够：掌握安全生产管理的基本概念，熟悉施工现场安全生产管理的特点，了解安全生产管理的范围，熟悉安全生产管理的原则。

　　安全，也就是没有危险的客观状态，其中既包括外在威胁的消解，也包括内在疾患的消除。按照国家标准《职业健康安全管理体系　要求及使用指南》GB/T 45001－2020 来说，所谓的安全就是免除了不可接受的损害风险的状态。对于企业或者其他生产部门管理人员来讲，安全是一种状态，即通过一系列的危险识别和风险管理过程，将人员伤害或财产损失的风险降低至并保持在可接受的水平。

从性质上分，安全有日常安全、校园安全、交通安全、社会生活安全和生产安全等；从整体性上分，安全有个人安全、团体安全、社会安全和国家安全等。其中，生产安全就是本教材的主要内容。

一、安全生产的概念

安全生产就是指在劳动生产经营活动中，为了避免造成人员伤害和财产损失事故而采取的一系列相应的预防和措施，通过人、机、物料、环境、方法的和谐运作，形成良好的劳动环境和工作秩序，有效控制各种潜在的事故风险和伤害因素，从而保证从业人员的人身安全，确保劳动生产经营活动得以顺利进行。

二、安全管理

安全，乃人类的本能欲望。从古至今，中国人都以安心、安身为基本人生观，并以居安思危的态度加以实现，因而视安全为一个重要的教育环节。社会的快速进步，人类生活方式逐渐复杂，危害生命安全的因素随之增加，因此各级学校都在加强安全教育的实施。随着时代的演变，人们对安全的认识从无知安全认识到局部安全认识，再到之后的系统安全认识，一直到现在的动态安全认识，而我们需要学习的安全管理就是一种动态安全管理。

安全管理是企业管理的重要组成部分，是一门具有较强综合性的学科。以安全为目的，在安全工作中体现了方针、决策、计划、组织、指挥、协调、控制等职能，有效管理与控制劳动生产经营活动中人、机、物料、环境、方法的状态，为达到预定的安全防范而进行的各种活动的总和，就是安全管理。

三、安全生产管理的特点

1. 长期性

安全生产管理存在于整个劳动生产经营活动之中，贯穿始末，随着生产的发展而发展，因为生产活动的需要而长期存在。由于旧的不安全因素去除之后，还会出现新的不安全因素，继而产生新的问题，因此安全管理的长期性是客观存在的。安全生产管理的实施要持之以恒，不能存在时间上的停顿和空间上的间隔。

2. 多变性

在劳动生产经营活动中，内部条件和外部环境都是多变的，如从业人员的流动、材料和设备的不同、工序流程的转换、天气的变化、治安环境的变化等，这些多变的因素导致了整个生产过程的多变性。往往有些企业始终采用同一种管理措施来确保安全生产，在多变的客观条件下不懂得多变的安全生产管理体系，极易在生产中引发安全事故，从而酿成大错。为了让这些多样的、时刻变化的、庞大的生产条件有机地融合在一起而不发生意外事故，安全生产管理的多变性是必要的。

3. 综合性

安全生产管理是一门具有较强综合性的学科，是人类在生产实践中长期积累的自我保护的知识体系。劳动生产复杂多样，各行各业都有各自的生产特点，甚至在同一行业中，由于设备、材料、工艺工法的不同，所带来的不安全因素也不同。长期以来人们不断进行各种现象的研究，正确认识人类社会发展、劳动生产的客观规律，逐渐形成了安全生产管理这样一门科学。它以社会科学中的政治经济学、哲学、社会学为基础理论，又与教育学、心理学、行为科学等社会科学和自然科学的应用理论相渗透，同样与流体力学、结构力学等一些专业技术知识相交叉，形成了复杂的、综合性极强的安全科学。

4. 创新性

近年来，在我国经济腾飞的大环境下，工业生产和科学技术都得到了迅猛发展，新工艺、新设备、新材料、新技术层出不穷。在这种情况下要做好安全生产工作是很艰巨的，这对我国的安全生产管理体系提出了更高的要求。在科学技术飞速发展的今天，安全生产管理不能仅局限于以往的陈旧的管理模式和惯例，也不能拿一些发达资本主义国家的管理模式照搬照抄，应该勇于创新，根据我国劳动生产的特点拟定符合客观条件的安全生产管理，避免做出不切实际的决定。

四、施工现场安全生产管理的特点

1. 安全生产管理普遍为一次性

建筑施工生产成果具有单件性，使得其不像其他行业一样可以重复生产，它是一次性的。因此，施工现场的安全生产管理经验很难重复运用到以后的工作生产中去，它也是一次性的。

2. 施工现场流动性大，生产岗位不固定、作业内容多变、作业环境多变

劳动生产经营活动中，普遍存在从业人员流动性大的特点，建筑施工中体现得尤为突出，每一个施工队伍都是在各个工程项目之间不断流动。施工队伍的流动性影响着生产活动的不确定性，施工生产周期长、工作环境差、不安全因素多，以上种种因素也导致了施工队伍中人员流动性大。目前的建筑工程还没有做到工厂化生产，导致作业人员生产岗位不固定、作业内容多变、作业人员所处的环境多变。

3. 劳动密集型，多工序同时作业，经常出现立体交叉作业

在同一个时间段、同一个施工项目现场中，参与人员高度密集。从大体上区分，有项目管理、建筑、结构、绿化、给水、电气、暖通、通信等相关人员；按照管理人员分，有施工项目部管理人员、甲方单位管理人员、监理单位管理人员等；按照工种分，有木工、钢筋工、瓦工、水电工等。建筑施工工业化程度较低，是劳动力高密集型的行业。

4. 安全隐患多

室外作业、高空作业和交叉作业比例大，大型设备和重型材料多，特殊专业多，专业技术要求高，工作条件差，工作环境中危险因素多，工人劳动强度高、体力消耗大等，这些因素都使得施工现场具有极高的危险性。

5. 分包作业多，各分包单位的管理水平参差不齐，内部协调工作量大，且专业队伍之间容易产生冲突

6. 人员流动性大，操作人员的技术水平、安全意识参差不齐

五、施工现场安全管理的范围

施工现场安全管理体系应从宏观到微观、从主观到客观、从战略到战术做出周密的规划和控制，制定详细的安全管理的方针制度，主要包括：对职工的安全要求、作业环境、教育和训练、安全工作总目标、阶段性工作重点、

安全措施项目、安全检查、危险分析、不安全行为、不安全因素、防护措施与用具、事故灾害的预防等。

根据《中华人民共和国建筑法》《建设工程安全生产管理条例》《建筑施工安全检查标准》JGJ 59—2011 等的要求，施工现场安全管理应做到以下几点：

（1）施工现场的安全由施工单位负责；实行施工总承包的工程项目，由总承包单位负责，分包单位向总承包单位负责，服从总承包单位对施工现场的安全管理。总承包单位和分包单位应当在施工合同中明确安全管理范围，承担各自相应的安全管理责任。总承包单位对分包单位造成的安全事故承担连带责任。建设单位分段发包或者指定的专业分包工程，分包单位不服从总包单位的安全管理，发生事故的由分包单位承担主要责任。

（2）施工单位应当建立工程项目安全保障体系。项目经理是本项目安全生产的第一责任人，对本项目的安全生产全面负责。工程项目应当建立以第一责任人为核心的分级负责的安全生产责任制。从事特种作业的人员应当负责本工种的安全生产。项目施工前，施工单位应当进行安全技术交底，被交底人员应当在书面交底上签字，并在施工中接受专职安全管理人员的监督检查。

（3）施工现场实行封闭管理，施工安全防护措施应当符合建设工程安全标准。施工单位应当根据不同施工阶段和周围环境及天气条件的变化，采取相应的安全防护措施。施工单位应当在施工现场的显著或危险部位设置符合国家标准的安全警示标牌。

（4）施工单位应当对施工中可能导致损害的毗邻建筑物、构筑物和特殊设施等做好专项防护。

（5）施工现场暂时停工的，责任方应当做好现场安全防护，并承担所需费用。

（6）施工单位应当根据《中华人民共和国消防法》的规定，建立健全消防管理制度，在施工现场设置有效的消防措施。在火灾易发生部位作业或者储存、使用易燃易爆物品时，应当采取特殊消防措施。

（7）施工单位应当在施工现场采取措施防止或减少各种粉尘、废气、废水、固体废物、噪声、振动等对人和环境的污染及危害。

（8）施工单位应当将施工现场的工作区与生活区分开设置。施工现场临时搭设的建筑物应当经过设计计算，装配式的活动房屋应当具有产品合格证，项目经理对上述建筑物和活动房屋的安全使用负责。施工现场应当设置必要的医疗和急救设备。作业人员的膳食、饮水等供应，必须符合卫生标准。

（9）作业人员应当遵守建设工程安全标准、操作规程和规章制度，进入施工现场必须正确使用合格的安全防护用品及机械设备等产品。

（10）作业人员有权对危害人身安全、健康的作业条件、作业程序和作业方式提出批评、检举和控告，有权拒绝违章指挥。在发生危及人身安全的紧急情况下，有权立即停止作业并撤离危险区域。管理人员不得违章指挥。

（11）施工单位应当建立安全防护用品及机械设备的采购、使用、定期检查、维修和保养责任制度。

（12）施工单位必须采购具有生产许可证、产品合格证的安全防护用品及机械设备，该用品和设备进场使用之前必须经过检查，检查不合格的，不得投入使用。施工现场的安全防护用品及机械设备必须由专人管理，按照标准规范定期进行检查、维修和保养，并建立相应的资料档案。

（13）进入施工现场的垂直运输和吊装、提升机械设备应当经检测机构检测合格后方可投入使用，检测机构对检测结果承担相应的责任。

六、安全管理的原则

1. 管生产同时管安全

安全管理贯穿于生产活动之中，并对生产起到促进与保证作用。因此，安全与生产虽然有时会相互矛盾，但在安全、生产管理的目标和目的上，两者表现出高度的一致和统一。安全管理是生产管理的重要组成部分，安全管理与生产管理在实施过程中，存在着紧密的联系，存在着进行共同管理的基础。国务院颁布的《关于加强企业生产中安全工作的几项规定》中明确提出："各级领导人员在管理生产的同时，必须负责管理安全工作""企业必须设置安全管理机构，对实现安全生产的要求负责"。管理生产同时体现出安全管理，不仅对各级领导人员明确了安全管理责任，同时也向一切与生产有关的机构、人员，明确了业务范围内的安全管理责任，体现了管生产同时管安全。

2. 明确安全管理的目的

安全管理的内容主要是有效管理与控制劳动生产经营活动中人、机、物料、环境、方法的状态，有效地控制人和物的不安全因素，避免事故的发生，达到保护劳动者的安全健康、减少财产损失的目的。没有明确目的的安全管理是一种盲目行为，盲目的安全管理起不到任何作用，浪费人力、物力和时间，而危险因素依然存在，事故最终不可避免，甚至使事态向更为严重的方向发展或转化。

3. 贯彻安全生产管理方针

我国安全生产管理的方针是"安全第一、预防为主、综合治理"。安全第一是从保护生产力的角度出发的，充分体现了"以人为本"，更表明了在生产活动中安全与生产的关系，肯定安全在生产活动中的位置和重要性。进行安全管理是针对生产的特点，对生产因素采取管理措施，有效地控制不安全因素的发展与扩大，提前发现并消灭可能发生的事故因素，以保证生产活动中人的安全与健康。贯彻预防为主，首先要端正对生产中不安全因素的认识，端正消除不安全因素的态度，选准消除不安全因素的时机。在安排与布置生产内容时，针对施工生产中可能出现的不安全因素，综合采取措施予以消除是最佳选择。在生产活动中，经常检查，及时发现不安全因素，综合采取措施，明确责任，尽快坚决地予以消除，是安全管理应有的鲜明态度。

4. 坚持动态管理

安全管理不是少数管理者和安全机构的事，而是所有与生产活动有关的人共同的事。如果缺乏全员的参与，安全管理不会出现好的管理效果，生产者能在责任人的领导下一同参与安全管理是十分重要的。安全管理涉及生产活动的方方面面，涉及整个生产的全过程，涉及全部的生产时间，涉及一切变化着的生产因素。只抓住一时一事、一点一滴，简单草率的安全管理，是一种不务实的形式主义管理方式，不是提倡的安全管理作风，所以在生产活动中必须坚持全员、全过程、全方位、全天候的动态安全管理。

5. 通过总结发展、提高

既然安全管理是一种动态管理方式，就意味着是不断变化发展的、不断突破提高的。为了适应多变的生产活动因素，消除新的不安全因素，安全管理应该通过阶段性的总结和评比找出差距，找出其中的漏洞，作为下一阶段应解决的问题，达到提高整体安全管理水平的目的，从而使安全管理不断上升到新的高度。

【案例导入】

案例：××市"9·13"重大建筑施工事故调查报告（节选）

近日，省政府批复了《××市××生态旅游风景区"9·13"重大建筑施工事故调查报告》。经调查认定，该起事故为生产安全责任事故。××市住房和城乡建设相关部门 28 名事故责任人员受到严肃处理。对相关责任人员涉嫌犯罪问题，司法机关正在依法独立开展调查。

2012 年 9 月 13 日 13 时，××市××生态旅游风景区建筑项目发生一起施工升降机坠落造成 19 人死亡的重大建筑施工事故，直接经济损失约 1800 万元。项目位于风景区，分为 A、B、C 三个区，2011 年 5 月 18 日开工建设，总建筑面积约 80 万 m^2。C 区地块（60 亩）为村集体土地，至事故发生时尚未办理建设用地转用和供地手续。

事故发生后，省委、省政府高度重视，根据国务院《生产安全事故报告和调查处理条例》等有关法律法规规定，2012 年 9 月 14 日，省政府成立××市××生态旅游风景区"9·13"重大建筑施工事故调查组（以下简称"事故调查组"），省安监局主要领导任组长，省安监局、省监察厅、省公安厅、省总工会、省住房和城乡建设厅和省质监局等单位人员参加，并邀请省检察院派员参与调查工作。

事故调查组按照"科学严谨、依法依规、实事求是、注重实效"和"四不放过"的原则，认真开展了事故调查工作。事故调查组聘请 7 名专家参与现场勘察取证、技术分析等工作，并委托××大学和省特种设备检验检测研究院对事故施工升降机进行技术分析和鉴定。事故调查组通过现场勘察、调查取证、综合分析，查明"9·13"重大建筑施工事故发生的直接原因是：事故施工升降机导轨架第 66 和 67 节标准节连接处的 4 个连接螺栓只有左侧两个螺栓有效连接，而右侧（受力边）两个螺栓的螺母脱落，无法受力。在此工况下，事故升降机左侧吊笼超过备案额定承载人数（12 人），实际承载 19

人和约 245kg 质量的物件，上升到第 66 节标准节上部（33 楼顶部）接近平台位置时，产生的倾翻力矩大于固有的平衡力矩，造成事故施工升降机左侧吊笼顷刻倾翻，并连同 67～70 节标准节坠落地面。

经调查认定，在该起事故中，多家单位负有责任。

××建设集团有限公司作为该项目施工总承包单位，管理混乱，将施工总承包一级资质出借给其他单位和个人承接工程；使用非公司人员吴××的资格证书，并在投标时将吴××作为项目经理，但未安排吴××实际参与项目投标和施工管理活动；未落实企业安全生产主体责任，未建立安全隐患排查整治制度，未落实安全教育培训制度，未认真贯彻落实相关监管部门有关建设工程安全生产专项检查和隐患排查文件精神，对项目施工和施工升降机安装使用的安全生产检查和隐患排查流于形式，未能及时发现和整改事故施工升降机存在的重大安全隐患，造成严重后果。

该项目部现场负责人和主要管理人员均非××建设集团有限公司人员，现场负责人易××及大部分安全员不具备岗位执业资格；安全生产管理制度不健全、不落实，在项目无《建设工程规划许可证》《建筑工程施工许可证》《中标通知书》《开工通知书》的情况下，违规进场施工，且施工过程中忽视安全管理，现场管理混乱，并存在非法转包；未依照《××市建筑起重机械备案登记与监督管理实施办法》，对施工升降机加节进行申报和验收，并擅自使用；联系购买并使用伪造的施工升降机"建筑施工特种作业操作资格证"；对施工人员私自操作施工升降机的行为，制止管控不力；未认真贯彻落实相关监管部门有关建设工程安全生产专项检查和隐患排查文件精神，对项目施工和施工升降机安装使用的安全生产检查和隐患排查流于形式，未能及时发现和整改事故施工升降机存在的重大安全隐患，造成严重后果。

××机械设备有限公司作为该项目施工升降机的设备产权及安装、维护单位，安全生产主体责任不落实，安全生产管理制度不健全、不落实，安全培训教育不到位，企业主要负责人、项目主要负责人、专职安全生产管理人员和特种作业人员等安全意识薄弱；公司内部管理混乱，起重机械安装、维护制度不健全、不落实，施工升降机加节和附着安装不规范，安装、维护记录不全不实；安排不具备岗位执业资格的员工杜××负责施工升降机维修保养；未依照《××市建筑起重机械备案登记与监督管理实施办法》，对施工升降机加节进行验收和使用管理；未认真贯彻落实相关监管部门有关建设工程安全生产专项检查和隐患排查文件精神，对施工升降机使用安全生产检查和维护流于形式，未能及时发现和整改事故施工升降机存在的重大安全隐患，造成严重后果。

××建设监理有限责任公司作为该项目的监理单位，安全生产主体责任不落实，未与分公司、监理部签订安全生产责任书，安全生产管理制度不健全，落实不到位；公司内部管理混乱，对分公司管理、指导不到位，未督促分公司建立健全安全生产管理制度；对该项目的《监理规划》和《监理细则》审查不到位；××建设监理有限责任公司使用非公司人员曾××的资格证书，在投标时将曾××作为项目总监理工程师，但未安排曾××实际参与项目投标和监理活动。项目监理部负责人（总监理工程师代表）丁××和部分监理人员不具备岗位执业资格；安全管理制度不健全、不落实，在项目无《建设工程规划许可证》《建筑工程施工许可证》和未取得《中标通知书》的情况下，违规进场监理；未依照《××市建筑起重机械备案登记与监督管理实施办法》，督促相关单位对施工升降机进行加节验收和使用管理，自己也未参加验收；未认真贯彻落实相关监管部门有关建设工程安全生产专项检查和隐患排查文件精神，对项目施工和施工升降机安装使用安全生产检查和隐患排查流于形式，未能及时发现和督促整改事故施工升降机存在的重大安全隐患，造成严重后果。

……

事故调查组依据有关法律法规，对××市××生态旅游风景区"9·13"重大建筑施工事故责任单位和责任人提出了处理意见，省政府同意：给予28名责任人相应的处理和处罚；责成××市××生态旅游风景区管委会及主要负责人、××市住房和城乡建设委员会及主要负责人、××市城市管理局及主要负责人向××市人民政府做出深刻检查；责成××市××生态旅游风景区管委会城乡工作办事处向××生态旅游风景区管委会做出深刻检查；责成省住房和城乡建设厅依法依规对××建设集团有限公司、××建设监理有限责任公司、××机械设备有限公司从严处理；责成省安监局依法依规对××建设集团有限公司、××建设监理有限责任公司、××机械设备有限公司、××置业有限责任公司、××生态旅游风景区××村委会给予规定上限的行政处罚；责成××市政府对违规多建的一栋××住宅楼予以没收。

事故调查组针对该起事故暴露出的问题，提出了6个方面的整改措施建议。各级人民政府、相关部门和建筑业企业要深刻吸取事故教训，牢固树立以人为本、安全发展的理念，切实加强建筑工程安全生产管理，落实建筑业企业安全生产主体责任，落实工程建设安全生产监管责任，强化建筑施工升降机安全管理，严格安全教育培训，加大"打非治违"工作力度，推进全省工程建设安全健康发展。

【学习思考】

1. 施工现场安全生产管理的特点有_____、_____、_____和_____。

2. 作为一名项目经理，你的安全管理职责有哪些？

3. 哪些单位或者部门需要对施工现场安全管理负责？

4. 施工现场的安全管理原则有哪些？

5. 如何体现安全生产的"动态管理"？

6. 某工程建筑面积 16400m²，地下 2 层，地上 6 层，框架结构，箱形基础，基槽深 8.6m。在西侧工地围墙外，离基槽边约 8m 有一路民用高压线路，高度约 6m。施工单位考虑高压线路与工地的距离在安全距离之外，又处于土方施工阶段，所以没有搭设防护架。在土方工程即将结束时，臂长 7m 的铲运机在向运土汽车上装土时碰断了高压线，造成当地大范围停电，也造成了一些施工电器的损坏，没有人员伤亡。

根据以上材料回答以下问题：①试分析这起事故的原因；②项目经理应当如何处理此事故？③项目安全生产管理的方针是什么？

7. 从施工现场安全管理的角度分析以下案例：

（1）事故简介

2020 年 1 月 7 日 13 时 10 分，××市某花园工地的卸料平台架体因失稳发生坍塌事故，造成 3 人死亡，7 人受伤，经济损失约 55 万元。

（2）事故发生经过

该花园工程由××房地产公司收购建设开发，2019 年 6 月份工程动工复建。2019年6月底该工程项目的现场施工员根据公司的安排，通知搭棚队黄某搭设脚手架，搭设时无施工方案，搭设完成后没有经过验收便投入使用。工程队在施工作业过程中，擅自拆除卸料平台架体每层的两根横杆，对架体稳定性造成一定的影响。

为了赶工期，工地施工人员根据公司安排，通知搭棚队负责人黄某在工程未完成的情况下，先行拆除B、C栋与平台架体相连的脚手架。2020年1月3日拆完外脚手架后，只剩下独立的平台架体。事故前几天，工人赵某在施工作业过程中，发现卸料平台架体不稳定，便向工地施工员报告了此事。但施工员和搭棚队负责人及有关管理人员均未对平台架体进行认真的安全检查和采取相应的加固措施。

2020年1月7日13时，多名工人在B、C栋建筑进行施工作业。13时10分，平台架体失稳发生坍塌，造成平台作业人员2人当场死亡，4人重伤，4人轻伤，其中1名重伤工人因伤势严重，于1月14日抢救无效死亡。

【实践活动】

实地查看施工现场的安全管理状况，查阅项目部的安全管理文件，撰写一篇读后感。

单元 1.2 建筑工程安全生产管理体系

通过本单元的学习，学生能够：深刻理解我国的安全生产主要方针，熟知我国的安全生产管理体制，了解该如何将安全生产管理落实在施工现场。

所谓的安全管理体系就是基于安全管理的一整套体系，包括软件和硬件两方面。软件方面包含思想、制度、教育、检查、组织和管理；硬件包括安全投入、安全设施、设备运行维护等方面。构建安全管理体系的最终目的就是通过安全管理实现生产过程的安全，使得生产过程能安全、高效运行。建筑工程安全生产管理体系如其他危险性行业的安全管理一样具有以下几个要素：安全文化及理念的树立，施工项目管理者的承诺、支持与模范作用，安全专业组织的支持，可实施性好的安全管理制度，高效、针对性强的安全教育培训，所有项目相关人员的积极参与等。

一、安全生产方针

"安全第一、预防为主、综合治理"是我国现行的安全生产方针，在建筑工程中必须严格贯彻落实。

1. 安全第一

生产过程中要把安全放在首要位置，切实保护劳动者的生命安全和身体健康，这是我国长期以来坚持的安全生产工作方针，它充分表明了我国对安全生产工作的高度重视、对人民群众根本利益的高度重视。安全第一的思想观念还体现在安全工作具有一票否决权。

在新的社会环境下仍然坚持安全第一，是我国贯彻落实以人为本的科学发展观和构建社会主义和谐社会的必然要求。坚持安全第一的方针，对于捍卫人权、构建社会、促进和谐、实现发展具有十分重要的意义。所以，在安全生产工作中贯彻落实以人为本的科学发展观，就必须一直坚持安全第一的方针。

2. 预防为主

预防为主就是把安全生产工作的重点前移，预先防范，建立预教、预测、预报、预警和预防的递进式、立体化事故隐患预防控制体系，提前消除不安全因素，改善安全状况，预防安全事故。

预防为主体现了现代化安全管理的思想，通过建设并普及安全文化、健全安全法制、提升安全科技水平、落实安全责任制、加大安全管理投入，构筑稳固的安全防线体系。促进安全文化建设与社会文化建设的互动，建设起"人人参与安全管理"的大环境；建立健全有关的法律法规和规章制度，依靠法制的力量促进安全事故防范；利用科技的力量，通过科技进步和提高劳动者素质来提升安全生产状况；严厉打击安全生产领域的腐败行为，强化安全生产责任制和问责制，创立安全生产监管体制；健全和完善中央、地方和企业的共同投入机制，提升安全生产投入水平，提升相关生产设备的安全保障能力。

3. 综合治理

综合治理就是指适应我国安全生产形势的客观要求，自觉遵循安全生产规律，正视安全生产工作的特殊性，抓住安全生产工作中的主要矛盾和关键点，综合运用经济、法律、行政等手段，人管、法治和技防多管齐下，充分发挥企业自身、职工自我和社会舆论的监督作用，综合有效的解决安全生产问题。

综合治理是由我国安全生产中出现的新情况和面临的新局势所决定的。在中国特色社会主义市场经济条件下，利益主体多元化，不同利益主体对待安全生产的态度和行为差异巨大，需要因情制宜、综合防范。安全生产涉及各行各业，每个行业的安全生产都有各自特点，安全生产管理方式多样化。实现安全生产，必须从社会环境、法制法规、科技、责任和投入入手，多管齐下，综合施治。

从近年来安全监管的实践来看，综合治理是落实安全生产方针政策的最有效手段。所以，综合治理具有很强的针对性，非常适合我国的特殊国情，是我国在安全生产新形势下做出的重要决策，体现了安全生产方针的新趋势。

二、安全生产管理体制

在全国安全生产工作电视电话会议上，确立了"安全生产工作体制"，即"企业负责、行业管理、国家监察、群众监督、劳动者遵章守纪的体制"，加重了企业的安全生产责任，对劳动者遵章守纪提出了具体的要求。

1. 企业负责

企业负责是实现安全生产工作的基础和根本，它是指企业在其经营活动中必须对本企业的安全生产负全面责任。

（1）企业法定代表人是安全生产的第一责任人，项目经理则是施工项目安全生产的第一责任人。

（2）应自觉贯彻"安全第一、预防为主、综合治理"的方针和坚持"管生产必须管安全"的原则，严格遵守安全生产的法律、法规和标准。

（3）正确处理好"五种关系"，即安全与生产、安全与效益、安全与进度、安全与管理、安全与技术的关系。

（4）必须建立健全本企业安全生产责任制和各项安全生产规章制度。

（5）必须设置安全机构，配备合格的专职安全生产管理人员，对企业的安全工作进行有效的管理。

（6）负责提供符合国家安全生产要求的工作场所、生产设施。

（7）加强对有毒、易燃易爆等危险品和特种设备的管理。

（8）对从事危险物品管理和操作的人员都应进行专业的训练，并持证上岗。

（9）编制安全生产计划和专项安全施工组织设计。

（10）定期进行安全检查，杜绝违章指挥、违章作业，及时消除不安全因素。

（11）加强对员工的安全教育和培训，提高全体员工的业务素质和安全素质。

（12）自觉接受当地政府行政管理、国家监察和群众监督。

2. 行业管理

行业管理是指各级行业主管部门对用人单位的职业健康安全工作应加强指导，充分发挥行业主管部门对本行业职业健康安全工作进行管理的作用。行业主管部门的主要职责是：

（1）贯彻执行职业健康安全法律、法规、规章以及国家、行业、地方职业健康安全规程和标准。

（2）编制行业职业健康安全的长期规划和发展计划。

（3）指导用人单位制订和落实职业健康安全保护措施计划，督促用人单位落实对重点职业健康安全技术改造项目和重大事故隐患治理项目的资金投入。

（4）组织行业职业健康安全的宣传教育和安全技术培训、考核工作。

（5）组织行业职业健康安全管理体系工作的检查和考核，总结、推广职业健康安全工作先进经验和管理方法。

3. 国家监察

国家监察是指各级政府部门对用人单位遵守职业健康安全法律、法规的情况实施监督检查，并对用人单位违反职业健康安全管理体系法律、法规的行为实施行政处罚。政府部门的国家监察职责主要有：

（1）监督、检查用人单位执行职业健康安全法律、法规、规章以及国家、行业、地方职业健康安全规程和标准的情况。

（2）督促用人单位编制、落实职业健康安全技术措施计划；审查用人单位新建、改建、扩建和技术改造项目中有关职业健康安全管理体系的工程技术措施。

（3）监督用人单位的劳动者安全教育和安全技术培训工作；负责用人单位生产经营主要负责人、职业健康安全专职管理人员和特种作业人员的考核、发证工作。

（4）负责对特种设备的产品安全认可。

（5）对用人单位的职业健康安全工程技术措施及其组织管理实施监察。

（6）组织重大事故隐患评估分级和伤亡事故的调查处理，参加职业病的调查，按照规定通报伤亡事故和职业病情况。

（7）对违反职业健康安全管理体系法律、法规和规章的用人单位，发出职业健康安全监察指令书；对违反职业健康安全法律、法规和规章的用人单位、法定代表人或者生产经营主要负责人按照规定建议给予行政处理和实施行政处罚。

国家监察是一种执法监察，主要是监察国家法规、政策的执行情况，预防和纠正违反法规、政策的偏差，它不干预企事业单位内部执行法规、政策的方法、措施和步骤等具体事务。它不能替代行业管理部门的日常管理和安全检查。

4. 群众监督

群众监督就是要规定工会依法对用人单位的职业健康安全工作实行监督，劳动者对违反职业健康安全法律、法规和危害生命及身体健康的行为，有权提出批评、检举和控告。工会组织的群众监督职责主要有：

（1）对用人单位违反职业健康安全法律、法规的行为和重大事故隐患，有权提出纠正意见和改进的建议。

（2）有权参加因工伤亡事故和其他严重危害劳动者健康问题的调查。

（3）有权向有关部门提出追究有关主管人员和直接责任人员法律责任的建议。

5. 劳动者遵章守纪

安全生产目标的实现，根本取决于全体员工素质的提高，取决于劳动者能否自觉履行好自己的安全法律责任。按照《中华人民共和国劳动法》的规定，劳动者在劳动过程中，必须严格遵守安全操作规程，要"珍惜生命，爱护自己，勿忘安全"，广泛深入地开展"三不伤害"（即不伤害自己、不伤害别人、不被别人伤害）活动，自觉做到遵章守纪，确保安全。

【案例导入】

案例一：填写施工安全生产管理体系报审表

施工安全生产管理体系报审表　　　　　　　　表 1-1

工程名称：×× 工程

编号：A325002

致：×× 监理公司 ×× 工程监理部 （监理单位） 　　兹报验：　　　×× 工程　　　 工程施工安全生产管理体系，请核查和批准。 　　本次申报内容系第 ×× 次申报，申报内容项目经理部／单位安全生产负责人已批准。 附件： 　　1. 施工单位安全生产许可证。 　　2. 安全生产责任制度、安全生产教育培训制度和安全生产规章制度。 　　3. 安全事故应急救援预案。 　　4. 项目部安全生产组织机构，"三类人员"安全生产岗位合格证书、建筑施工特种作业人员操作资格证书。 　　　　　　　　　　　　　　　　　　承包单位项目经理部（章）：＿＿＿＿＿＿＿ 　　　　　　　　　　　　　　　　　　项目经理：张 ×× 　 日期：2019 年 5 月 1 日	

项目监理机构签收人姓名及时间	李 ×× 2019 年 5 月 1 日	承包单位签收人姓名及时间	

专业监理工程师审查意见：

　　如符合要求：应签署"施工单位安全生产许可证有效，安全生产制度内容齐全并适用，安全事故应急救援预案可行，项目组织机构基本满足工程施工需要，请总监理工程师审核"。

　　如不符合要求：应简要指出不符合要求之处，并提出修改补充意见后签署"施工安全生产管理体系申报暂不满足工程需要，待修改完善后再报，请总监理工程师审核"。

　　　　　　　　　　　　专业监理工程师：＿＿＿＿＿＿＿　 日期：＿＿＿＿＿＿＿

总监理工程师审核意见：

　　如符合要求：应签署"经专业监理工程师审查，施工单位安全生产许可证、安全生产制度、安全事故应急救援预案、项目组织机构基本满足工程施工需要，同意按审核内容建立该工程施工安全生产管理体系"。

　　如不符合要求：应简要指出不符合要求之处，并提出修改补充意见后签署"施工安全生产管理体系申报暂不满足工程需要，待修改完善后再报，尽快建立该工程施工安全生产管理体系"。

　　　　　　　　　　　　项目监理机构（章）：＿＿＿＿＿＿＿
　　　　　　　　　　　　总监理工程师：＿＿＿＿＿＿＿　 日期：＿＿＿＿＿＿＿

注：承包单位项目部应提前 7 日提出本报审表。

案例二：某建筑公司 2020 年安全生产工作要点

根据今年公司承建各项目的实际和上级部门下达的安全生产目标任务，2020 年安全生产总体要求是：深入贯彻科学发展观，落实党政同责和"一岗双责"责任，坚持"以人为本、科学管理"，不断完善安全生产长效机制，以安全文化为引领，以事故预防为主线，加强管理、落实责任和安全管理各项措施，强化安全宣传教育，深化安全隐患排查，以安全专项整治为推手，扎实推进公司安全标准化建设，有效防范较大事故，坚决遏制重特大事故，推进我司各项工作科学发展、安全发展。2020 年安全生产管理目标是：提高公司各项目参建人员安全意识，加强基层安全工作，预防和避免发生一般事故，遏制较大事故，杜绝重特大事故，建立并完善安全管理长效机制。不发生火灾和劳动工伤等事故，杜绝安全责任事故。

围绕上述总体要求和目标，今年要重点落实好四个方面的工作措施。

一、落实主体责任，健全安全生产监管体系

认真落实建设单位及代建业主安全生产主体责任，以"以人为本、安全发展"为原则，以加强管理、落实责任为重点，健全完善各项目安全监管体系。

一是全面落实"一岗双责"制度，督促各参建单位安全生产主体责任落实到位。按照"分级管理、责任到人"的原则，制定安全生产"一岗双责"制度，明确公司各管理部门安全职责，将安全生产责任分解到部门、细化到岗位、落实到个人。公司安全生产第一责任人同各部门负责人、各参建单位第一责任人签订 2020 年安全生产责任书，明确安全生产责任；健全各建设项目安全组织机构建设，严格督促监理、施工单位按投标承诺配足安全管理人员，形成上下齐抓共管的安全管理长效机制。

二是全面加强和完善考核指标体系建设。健全公司考核奖罚制度，完善季度考评、年度考核制度，细化、量化考核标准、考核内容和工作要求；对每一起事故都要按照"四不放过"原则认真进行查处，对在事故中负有责任的单位和个人严格实行内部倒查和"一票否决"；事故隐患也要落实责任追究制度，从严追究相关人员责任。

二、强化预防为主，进一步落实安全生产保障举措

一是及时组织安全生产教育培训。大力宣传中央、省、市关于加强安全生产工作的决策部署，落实安全生产方针政策、法律法规和"以人为本、关爱生命、以管为先、保障安全"的管理理念。紧密结合工作实际，制定安全教育培训计划，多形式、多层次地安排专题安全知识教育培训，宣传安全生产先进典型，用生动、形象、真实的生产事故案例教育，强化学习效果，切实提高职工的安全意识和操作知识，职工安全生产培训率达到100%，特种作业人员参加安全技能培训、持证率达到100%。进一步提高职工安全生产防范意识，彻底消除思想上安全隐患，不断提高应对和防范风险与事故的能力。时刻提醒职工和从业人员遵守安全生产法律法规，积极营造安全生产环境，在工程建设中形成"人人讲安全、时时抓安全、处处重安全、事事要安全"的工作氛围。

二是积极开展"安全生产月"活动。充分抓住"安全生产月"的有利契机，适时组织各种形式的宣传、教育、咨询等服务活动，开展安全生产知识集中培训。各参建单位要在醒目位置悬挂宣传安全生产横幅，更新警示标语和宣传板报等，努力营造安全生产的氛围。认真学习《中华人民共和国建筑法》《中华人民共和国安全生产法》和《建设工程安全生产管理条例》等法律法规，增强职工安全生产意识，提高安全防范能力；组织开展安全知识竞赛、安全承诺和安全合理化建议等活动；积极开展安全生产流动红旗等活动，促进安全生产；开展安全专项检查工作，及时整治安全隐患，把安全生产措施落实到项目建设的各个环节，确保施工生产的顺利实施。

三是不断提升安全生产防控能力。以治理隐患防范事故为主题，提高自我防护能力和事故防范能力。要加强安全生产硬件基础设施建设，各种安全生产的证照、设备、器材、标志等要完善、规范和齐全，并指定专人进行管理，不定期检查，确保良好运行。要加强重点部门、部位、时段和对象的安全生产的防控工作。要加强应急救援演练和管理，要弘扬安全生产文化，不断提高安全生产防控能力。

三、强化动态监控管理，确保安全稳定无事故

一是加大安全监管力度。严格落实安全生产监管措施，加大对施工现场

的安全监管力度，坚持日巡查、周旬检查和月考核等制度。特别是把制度落实到工作中、行动上，这是早预防的关键，坚决反对"说起来重要、做起来次要、忙起来不要"的错误做法。安全管理人员必须深入一线，抓好各个环节的管理，及时纠正和制止违章指挥、违章操作和违反劳动纪律的"三违"行为，督促施工方及时整改安全隐患，杜绝各类事故；其次抓好工程监理人员和特种作业人员的资格审查，监理人员和特种作业人员必须要有相关资格证书，上岗前必须进行考核，确保安全无事故。

公司各部门、各参建单位安全生产领导小组办公室要按照职责强化安全监管，并做到未雨绸缪，防患于未然。每位职工都有发现安全隐患并报告的义务。对发现的安全隐患应立即纠正，限期整改。在隐患没有彻底消除之前，不得违规生产和操作。整改措施要硬、要得力，隐患消除要彻底、效果要明显。

二是深入开展安全检查和专项整治工作。以"治理隐患、防范事故"为主题，按照"检查不断、整治不停"的原则，强化对生产一线和作业现场的监督检查力度。通过日查和周检等形式，对安全生产不利因素进行认真分析，排查各类隐患和问题，列出明细，落实责任、落实部门、落实专人、落实资金、落实时限，确保整改到位；要持续地采取集中检查与随机抽查相结合，一般部位检查与重点危险源、重点危险部位检查相结合，明察与暗访相结合的方法，开展形式多样的安全大检查活动，通过检查消除事故隐患，为各项工作的安全进行提供保障。

四、规范安全管理，建立安全管理长效机制

一是加强信息资料管理工作。各部门和参建单位要规范安全管理内业资料，按要求向上级管理单位上报安全生产管理信息、安全生产工作开展情况等，安排人员做好节假日、灾害天气和特殊时期的值班工作。督促施工单位按时完成公司安全领导小组交办的各项工作任务，检查和指导施工单位开展安全工作，要求施工单位每月报送上月安全生产工作情况。

二是严格查处安全事故责任。一旦发生安全生产事故，要严格按照《安全生产事故报告和调查处理条例》规定的时限上报事故，要快报事实、慎报原因。出现安全事故后，要果断采取措施减少伤亡和损失，把安全事故的损失和影响降低到最低程度。对于发生安全事故的部门、单位和个人，要追究责任，坚持一票否决和"四不放过"原则，要通过一系列措施，确保全年安全形势稳定，无重大责任安全事故发生。

三是建立安全管理长效机制。各部门、各参建单位要结合建筑施工生产的实际，抓好安全生产的日常管理，认真履行法律、制度赋予的各项安全职责，积极探索安全管理规律，更新安全防范措施，认真总结经验，完善安全长效管理机制。特别是各参建单位要建立健全各类安全管理制度，落实安全责任，必须把安全管理作为前提保障和系统工程抓紧抓好，建立切实可行的安全管理模式和长效机制，使安全工作步入科学化、法制化、标准化、规范化的轨道。

【学习思考】

1. 我国安全生产的主要方针是 _____ 、_____ 、_____ 。

2. 某工程建筑面积 16400m²，地下 2 层、地上 6 层，框架结构，箱形基础，基槽深 8.6m。在西侧工地围墙外，离基槽边约 8m 有一路民用高压线路，高度约 6m。施工单位考虑该高压线路距本工地的距离在安全距离之外，工程又处于土方施工阶段，所以没有搭设防护设施。在土方工程即将结束时，进场一辆臂长 7m 的铲运机，铲运机在向运土汽车上装土时碰断了高压线，造成当地大范围停电，也造成了一些施工电器的损坏，没有人员伤亡。分析以上案例，说说你如何做好"预防为主"？

3. 假设你是一名项目经理，简单制订一份年度安全生产工作计划。

4. 作为一个施工现场的施工员，你在安全生产管理体制中起到了什么作用？

5. 某大厦建筑面积为 20000m²，框架－剪力墙结构，箱形基础，地上 10 层、地下 2 层。甲电焊工在六层进行钢筋对焊埋弧作业时未按规定穿戴绝缘鞋和手套。当工人甲右手拿起焊把钳正要往钢筋对接处连接电焊机的二次电源时，不慎触到焊钳的裸露部分，不幸触电，倒地身亡。试从安全生产管理的角度分析这起事故发生的原因。

码 1-2　单元 1.2
学习思考参考答案

【实践活动】

观察施工现场项目部的安全生产管理体系图，了解各管理层次的权利和义务。

单元 1.3　建筑工程安全管理相关法律法规及标准

　　通过本单元的学习，学生能够：了解我国建筑工程安全管理中经常用到的法律法规。

　　我国现行的建筑工程安全管理相关法律法规及标准有《中华人民共和国安全生产法》《中华人民共和国建筑法》《中华人民共和国劳动法》《安全生产许可证条例》《建设工程安全生产管理条例》《生产安全事故报告和调查处理条例》《施工企业安全生产评价标准》JGJ/T 77—2010《建筑施工安全检查标准》JGJ 59—2011 等，见表 1-2 ～表 1-4。

建筑工程安全管理相关法律　　　　　　　　　　　　表 1-2

名称	最新修订日	颁布部门
《中华人民共和国刑法》	2017 年 11 月 4 日	全国人民代表大会
《中华人民共和国建筑法》	2011 年 4 月 22 日	全国人民代表大会
《中华人民共和国安全生产法》	2014 年 12 月 1 日	全国人民代表大会
《中华人民共和国职业病防治法》	2018 年 12 月 29 日	全国人民代表大会
《中华人民共和国消防法》	2009 年 5 月 1 日	全国人民代表大会
《中华人民共和国突发事件应对法》	2007 年 11 月 1 日	全国人民代表大会
《中华人民共和国劳动法》	2018 年 12 月 29 日	全国人民代表大会
《中华人民共和国劳动合同法》	2013 年 7 月 1 日	全国人民代表大会
《中华人民共和国工会法》	2009 年 8 月 27 日	全国人民代表大会

建筑工程安全管理相关法规   表 1-3

名称	生效日/修订实施日	颁布部门
《安全生产许可证条例》	2004 年 1 月 13 日 / 2014 年 7 月 29 日	国务院
《安全验收评价导则》	2003 年 5 月 23 日	国家安全生产监督管理总局
《安全生产培训管理办法》	2012 年 3 月 1 日 / 2015 年 7 月 1 日	国家安全生产监督管理总局
《安全生产事故隐患排查治理暂行规定》	2008 年 2 月 1 日	国家安全生产监督管理总局
《安全生产违法行为行政处罚办法》	2008 年 1 月 1 日 / 2015 年 5 月 1 日	国家安全生产监督管理总局
《国务院关于进一步加强安全生产的决定》	2004 年 1 月 9 日	国务院
《特种设备安全监察条例》	2003 年 6 月 1 日	国务院
《生产安全事故报告和调查处理条例》	2007 年 6 月 1 日	国务院
《建设工程安全生产管理条例》	2004 年 2 月 1 日	国务院
《国务院关于特大安全事故行政责任追究的规定》	2001 年 4 月 21 日	国务院
《特种作业人员安全技术培训考核管理规定》	2010 年 7 月 1 日 / 2015 年 7 月 1 日	国家安全生产监督管理总局
《安全事故应急预案管理办法》	2009 年 5 月 1 日 / 2019 年 9 月 1 日	中华人民共和国应急管理部

建筑工程安全管理相关标准规范   表 1-4

名称	生效日	颁布部门	编号
《企业安全生产标准化基本规范》	2017 年 4 月 1 日	中华人民共和国国家质量监督检验检疫总局、中国国家标准化管理委员会	GB/T 33000—2016
《职业健康监护技术规范》	2014 年 10 月 1 日	国家卫生和计划生育委员会	GBZ 188—2014
《头部防护 安全帽》	2020 年 7 月 1 日	国家市场监督管理总局、国家标准化管理委员会	GB 2811—2019
《建筑设计防火规范》	2015 年 5 月 1 日	中华人民共和国住房和城乡建设部	GB 50016—2014
《安全评价通则》	2007 年 4 月 1 日	国家安全生产监督管理总局	AQ 8001—2007

续表

名称	生效日	颁布部门	编号
《防止静电、雷电和杂散电流引燃的措施》	2016 年 6 月 1 日	国家能源局	SY/T 6319—2016
《现场设备、工业管道焊接工程施工规范》	2011 年 10 月 1 日	中华人民共和国住房和城乡建设部	GB 50236—2011
《建筑施工安全技术统一规范》	2014 年 3 月 1 日	中华人民共和国住房和城乡建设部	GB 50870—2013
《建筑施工安全检查标准》	2012 年 7 月 1 日	中华人民共和国住房和城乡建设部	JGJ 59—2011

一、《中华人民共和国建筑法》

《中华人民共和国建筑法》（以下简称《建筑法》），于 1997 年 11 月 1 日，在第八届全国人大常务委员会第 28 次会议通过。这是我国制定的第一部规范建筑活动的法律，也是一部重要的经济法律，受到了最高立法机关组成人员的高度关注和积极支持。

《建筑法》分总则、建筑许可、建筑工程发包与承包、建筑工程监理、建筑安全生产管理、建筑工程质量管理、法律责任、附则共 8 章，共 85 条，自 1998 年 3 月 1 日起施行。

根据 2011 年 4 月 22 日第十一届全国人大常委会第 20 次会议《关于修改〈中华人民共和国建筑法〉的决定》，对《建筑法》作了相应修改，自 2011 年 7 月 1 日起施行。

1. 立法目的

为了加强对建筑活动的监督管理，维护建筑市场秩序，保证建筑工程的质量和安全，促进建筑业健康发展。

2. 适用范围

在中华人民共和国境内从事建设工程的建筑活动，实施对建筑活动的监督管理，应当遵守该法。

《建筑法》中所称建设工程，是指房屋工程、土木工程及其附属设施。其所称建筑活动，是指：各种土木建筑工程和建筑业范围内的线路、管道、设备安装工程的新建、扩建、改建及建筑装饰装修活动，既包括各类房屋建筑的建造活动，也包括铁路、公路、机场、港口、矿井、水库、通信线路等专业建筑工程的建造及其设备安装活动；建筑构配件的生产与供应；服务于建设工程的项目管理、工程监理、招标代理、工程造价咨询、工程技术咨询、检验检测等活动。

3. 遵循的国家基本政策

国家扶持建筑业及相关行业的发展，保护公平竞争和公平交易，支持建筑科学技术研究，提倡采用先进技术、先进设备、先进工艺、新型建筑材料和科学管理方式，鼓励节约能源，严格保护环境。

4. 基本规则

从事建筑活动应当遵守法律、法规和工程建设强制性标准，不得损害社会公共利益和他人的合法权益。任何单位和个人都不得妨碍和阻挠依法进行的建筑活动。

5. 管理职责分工

国务院建设行政主管部门对全国建设工程的建筑活动实施统一监督管理，国务院各有关部门按照国务院规定的职责分工，对全国有关专业建设工程的建筑活动实施监督管理。

县级以上地方人民政府建设行政主管部门和有关部门，对于本地区建设工程的建筑活动按照职责分工，实施监督管理。乡级人民政府对建筑活动的监督管理和职责分工由省、自治区、直辖市人民政府规定。

6. 主要内容

《建筑法》是我国第一部关于规范建筑活动的法律，不仅有效提升了建筑工程质量，更对工程安全起到了法律保障。该法主要包含了建筑许可、建筑工程的发包与承包、建筑安全生产管理、建筑工程质量管理以及法律责任等内容。该法不仅规范了各种影响工程质量安全的因素，还对我国的安全工作方针给予了充分肯定，确立了安全生产责任制度、群防群治制度、安全生产教育培训制度、安全生产检查制度、伤亡事故处理报告制度和安全责任追究制度等。

二、《中华人民共和国安全生产法》

《全国人民代表大会常务委员会关于修改〈中华人民共和国安全生产法〉的决定》已由中华人民共和国第十二届全国人民代表大会常务委员会第十次会议于 2014 年 8 月 31 日通过，自 2014 年 12 月 1 日起施行。

1. 立法目的

为了加强安全生产监督管理，防止和减少生产安全事故，保障人民群众生命和财产安全，促进经济发展。

2. 适用范围

在中华人民共和国境内从事生产经营活动的单位（以下简称生产经营单位）的安全生产适用本法；有关法律、行政法规对消防安全和道路交通安全、铁路交通安全、水上交通安全、民用航空安全以及核辐射安全、特种设备安全另有规定的，适用其规定。

3. 遵循的国家基本政策

安全生产工作应当以人为本，坚持安全发展，坚持安全第一、预防为主、综合治理的方针，强化和落实生产经营单位的主体责任，建立生产经营单位负责、职工参与、政府监管、行业自律和社会监督的机制。

4. 基本规则

生产经营单位必须遵守本法和其他有关安全生产的法律、法规，加强安全生产管理，建立健全安全生产责任制和安全生产规章制度，改善安全生产条件，推进安全生产标准化建设，提高安全生产水平，确保安全生产。

5. 管理职责分工

生产经营单位的主要负责人对本单位的安全生产工作全面负责。生产经营单位的从业人员有依法获得安全生产保障的权利，并应当依法履行安全生产方面的义务。

工会依法对安全生产工作进行监督。生产经营单位的工会依法组织职工参加本单位安全生产工作的民主管理和民主监督，维护职工在安全生产方面的合法权益。生产经营单位制定或者修改有关安全生产的规章制度，应当听取工会的意见。

国务院和县级以上地方各级人民政府应当根据国民经济和社会发展规划制定安全生产规划，并组织实施，安全生产规划应当与城乡规划相衔接。国务院和县级以上地方各级人民政府应当加强对安全生产工作的领导，支持、督促各有关部门依法履行安全生产监督管理职责，建立健全安全生产工作协调机制，及时协调、解决安全生产监督管理中存在的重大问题。乡、镇人民政府以及街道办事处、开发区管理机构等地方人民政府的派出机关应当按照职责，加强对本行政区域内生产经营单位安全生产状况的监督检查，协助上级人民政府有关部门依法履行安全生产监督管理职责。

国务院安全生产监督管理部门依照本法，对全国安全生产工作实施综合监督管理；县级以上地方各级人民政府安全生产监督管理部门依照本法，对本行政区域内安全生产工作实施综合监督管理。

国务院有关部门依照本法和其他有关法律、行政法规的规定，在各自的职责范围内对有关行业、领域的安全生产工作实施监督管理；县级以上地方各级人民政府有关部门依照本法和其他有关法律、法规的规定，在各自的职责范围内对有关行业、领域的安全生产工作实施监督管理。

6. 主要内容

《中华人民共和国安全生产法》是我国第一部关于安全生产的专门法律，是各行各业都必须遵守的安全生产行为准则。该法共分七个章节，总计一百一十四条规定，主要包含了生产经营单位的安全生产保障、从业人员的权利义务、安全生产的监督管理、生产安全事故的应急救援与调查处理以及法律责任等内容。

该法提供了工会民主监督、社会舆论监督、公众举报监督和社区服务监督四种监督途径发现并改善安全管理工作中的不足，确立了生产安全责任事故追究制度、生产经营单位安全保障制度、从业人员的权利和义务制度、安全生产监督管理制度和事故应急救援和调查处理制度等。

三、《建设工程安全生产管理条例》

2003 年 11 月 24 日，中华人民共和国国务院令第 393 号由国务院总理温家宝签署予以公布："《建设工程安全生产管理条例》已经于 2003 年 11 月 12 日国务院第 28 次常务会议通过，现予公布，自 2004 年 2 月 1 日起施行。"

1. 立法目的

为了加强建设工程安全生产监督管理，保障人民群众生命和财产安全，根据《中华人民共和国建筑法》《中华人民共和国安全生产法》，制定了该条例。

2. 适用范围

在中华人民共和国境内从事建设工程的新建、扩建、改建和拆除等有关活动及实施对建设工程安全生产的监督管理，必须遵守该条例。条例所称建设工程是指土木工程、建筑工程、线路管道和设备安装工程及装修工程。

3. 遵循的国家基本政策

建设工程安全生产管理坚持安全第一、预防为主、综合治理的方针。

4. 基本规则

建设单位、勘察单位、设计单位、施工单位、工程监理单位及其他与建设工程安全生产有关的单位，必须遵守安全生产法律、法规的规定，保证建设工程安全生产，依法承担建设工程安全生产责任。

5. 主要内容

《建设工程安全生产管理条例》是我国工程建设安全生产工作发展史上的里程碑，解决了工程建设各方主体的安全责任不够明确、建设工程安全生产的投入不足、建设工程安全生产监督管理制度不健全、生产安全事故的应急救援制度不健全等建设工程安全生产管理中存在的主要问题。该条例不仅落实了《中华人民共和国建筑法》和《中华人民共和国安全生产法》，也标志着我国建设工程安全生产管理进入了法制化和规范化发展的新阶段。

《建设工程安全生产管理条例》共分八个章节，总计七十一条规定，主要包含了建设单位的安全责任，勘察、设计、工程监理及其他有关单位的安全责任，施工单位的安全责任，监督管理，生产安全事故的应急救援和调查处理及法律责任等内容。

该条例确立了十三项制度，主要有安全施工措施和拆除工程备案制度、健全安全生产制度、特种作业人员持证上岗制度、专项工程专家论证制度、消防安全责任制度、施工单位管理人员考核任职制度、意外伤害保险制度、政府安全监督检查制度、生产安全事故应急救援制度和生产安全事故报告制度等。该条例也明确了建设单位、施工单位、施工总承包和分包单位的安全生产责任，并明确了各项安全生产违法行为的处罚措施。

【案例导入】

案例：某建设集团股份有限公司某工程安全生产责任制（节选）

安全生产责任与目标管理

认真贯彻国家、地方政府、行业、企业有关安全生产的方针、政策、法律、法规，落实"安全第一、预防为主，综合治理"的安全生产方针，采取切实有效的措施，防止安全事故的发生。

一、集团公司安全生产领导小组和创标化领导小组安全生产责任制

1. 贯彻执行国家、地方政府、行业、企业有关安全生产的方针、政策、法规和重大规定，并做出相应决策。

2. 组织起草、审定本公司安全生产中、长期目标，审定企业年度安全生产工作计划，并督促检查有关职能部门和下属公司（分公司）按期分步实施；与下属单位签订年度安全生产目标责任制，并负责考核兑现。

3. 审定批准企业年度创建国家、省、市、县等各级标化现场计划和措施，督促检查部门及子（分）公司创标计划的实施。

4. 审定批准本企业安全生产规章制度，并按国家、行业有关规定配备安全生产管理人员。建立企业安全生产约束和激励机制，奖励先进，纠正、惩罚违反安全生产法律、法规的行为；对因忽视安全生产、管理混乱、玩忽职守、违章指挥致使造成重大伤害事故或损坏企业形象、信誉的直接责任者和相关单位，负责查处、追究，并依据权限，按国家有关规定做出相应的行政处分和经济惩罚，直至报送司法机关依法追究刑事责任。

5. 组织召开安全生产专家库成员会议，及时组织研究安全生产方面重大问题及突发性事件。

6. 每年不少于两次听取安全生产管理处的安全生产、创标化工作汇报及计划。定期组织研究事故隐患预防、控制、评价及处理，决定公布本企业阶段性安全生产动态，决定实施安全生产、文明施工等方面的先进管理办法，确立安全生产、文明标化攻关项目的示范工程，领导开展安全生产宣传教育培训，审定相关计划。

7. 负责审定子（分）公司安全员的任职资格。

8. 组织领导伤亡事故、重大设备事故、火灾事故的调查、分析、处理、报告工作。

二、子（分）公司安全生产、创标化领导小组安全生产责任制

1. 认真执行国家、行业、地方政府等有关安全方针、政策、法律法规及集团公司各项安全生产规定、规章和制度。

2.组织制定本单位各部门、各岗位的安全生产责任制及各类管理制度，负责组织制定本单位安全生产、创标化现场目标及措施。

3.组织建立本单位安全生产保证体系，建立专门安全生产管理机构，并按国家、行业、地方政府及集团公司有关规定配备安全生产管理人员。

4.监督项目部抓好对员工的安全意识教育、遵章守纪教育，并要求达到制度化、规范化；督促项目部抓好班组的安全生产教育与管理，建立项目目标责任的考核制度并检查其落实情况；切实加强对突发性事故专项治理工作，从实际出发及时组织制定有针对性的专项治理措施。

5.定期组织检查现场安全防护设施、安全生产管理、文明施工等。

6.督促对现场各类事故隐患的整改及验证；依据权限范围及时认真组织对各类伤害、设备、火灾等事故的调查处理及审定上报工作。

三、集团公司董事长安全生产责任制

1.集团公司董事长是集团安全生产管理的第一责任人。

2.贯彻执行国家法律、法规、方针、政策和强制性标准。

3.执行股东大会的决议。

4.负责决策企业安全生产中长期规划与计划。

5.在整个集团公司建立满足相关方要求，增进相关方满意和满足法律法规及其他要求的氛围。

6.决定企业内部管理机构的设置和人员、资源配备。

7.制定企业的基本管理制度。

8.鼓励全体员工积极参与，充分发挥他们的才能，负责对员工的奖惩和激励措施的审批。

四、集团公司总经理安全生产责任制

1.组织编制企业安全生产中长期规划与计划，确定企业安全生产目标，审定企业安全生产奖惩方案，批准本企业安全生产规章制度和规程标准。

2.负责建立健全本企业安全管理机构，配备专职安全管理人员。

3.检查指导副职及下属各单位领导管辖范围内的安全生产工作、建立"分级管理，分级负责"的安全生产责任制。

4.主持召开企业定期的安全生产工作会议，研究本企业安全生产工作，做出相应决策并组织实施。

5. 对企业安全生产方面出现的重大问题及时主持研究解决。

6. 按权限组织本企业伤亡事故的调查、分析和处理。

7. 按规定安排安全技术措施项目的费用，确保实施。

8. 领导本企业安全生产领导小组积极开展工作。

五、集团公司主管安全生产副总经理安全生产责任制

1. 组织制定企业安全生产规章、制度、规程与标准。

2. 建立和完善企业各级安全生产责任制。

3. 组织领导本企业各级管理部门落实本企业安全生产目标。

4. 组织领导安全生产大检查，及时解决安全生产中的问题。

5. 组织调查、分析、处理企业伤亡事故和重大事故隐患，拟定改进措施并组织落实。

6. 检查集团公司安全机构及集团公司的安全生产管理工作情况。

7. 组织与领导企业员工安全教育与培训。

六、集团公司总工程师安全生产责任制

1. 贯彻执行国家和上级部门有关安全生产的规程和标准，积极推广先进的安全技术措施，对安全生产技术难点组织科研攻关。

2. 组织审定本企业安全技术规章、制度、规程、标准和预防事故的技术措施。

3. 组织领导本企业项目施工安全技术措施的编审。

4. 参与事故调查，组织技术力量对事故进行技术上的原因分析、鉴定，并组织制定改进措施。

5. 负责企业安全技术教育培训。

【实践活动】

挑选一部建筑行业相关的法规，仔细研读、理解，列出其中的要点。

模块 2
项目安全策划

码 2-1　模块 2 导学

【模块描述】

　　本模块主要介绍了安全生产责任制的基本概念、目的、要求，建筑施工现场各主要人员的安全职责；安全策划的依据原则，安全目标与内容以及保证体系的策划；安全应急救援预案体系的构成、基本要求、编制的工作程序和主要内容以及应急救援预案的评审。

　　通过本模块的学习，学生能够：了解建筑工程安全生产相关的法律法规；理解安全生产管理计划的制定原则、内容等，能够参与制定安全生产管理计划；理解安全事故应急救援预案体系的构成，应急救援预案的编制原则、内容、评审等，能够参与制定应急救援预案。

单元 2.1　安全生产责任制度

　　通过本单元的学习，学生能够：理解安全生产责任制的基本概念、目的、要求，了解安全生产责任制度制定，知道建筑工程施工现场各主要人员的安全职责。

　　《建设工程安全生产管理条例》规定：建筑企业应当建立健全安全生产责任制度和安全生产培训制度，制定安全生产规章制度和操作规程。建筑企业必须加强对建筑企业安全生产的管理，执行安全生产责任制，采取有效措施，防止安全事故的发生。

安全生产责任制是各项安全管理制度的核心，是保障安全生产的重要措施，是企业岗位责任制的一个重要组成部分。

安全生产责任制根据"管生产必须管安全""安全生产，人人有责"等原则，明确规定了各级领导、各职能部门、各岗位、各工种人员在生产活动中应负的安全职责。

一、安全生产责任制的基本概念、目的、要求

1. 安全生产责任制的基本概念

安全生产责任制就是对各级负责人员、各职能部门及其工作人员和各岗位生产作业人员在他们各自职责范围内对安全生产应负的责任加以明确规定的一种制度。

建立健全各级责任制，使每一个领导至每一个生产一线的工人各自都有明确的岗位安全职责，并能切实解决安全生产中遇到的问题，真正做到把事故控制在萌芽状态，防患于未然。

2. 安全生产责任制的目的

（1）增强每个人对安全生产的责任感，牢固树立"安全第一、预防为主"的思想。

（2）职责分明，各尽其责，普及到各类人员及不同的生产岗位。

3. 安全生产责任制的要求

（1）层层签订安全生产责任状，一级签一级，一直签到工人操作岗位，做到层层有人抓，处处有人管。

（2）实行安全生产目标管理，层层建立和落实安全生产责任制，直至企业、车间、班组。

二、安全生产责任制度的制定

安全生产责任制度应该对施工企业安全生产的职责要求、职责权限、工作程序和安全管理目标的分解落实、监督检查及考核奖罚做出具体规定，并组织实施，确保每个职工能够认真履行安全职责，实现全员安全生产。

安全生产责任制必须覆盖以下人员、部门和单位：企业主要负责人；企业

技术负责人（总工程师）；企业分支机构主要负责人；项目经理与项目管理人员；作业班组长；企业各层安全生产管理机构与专职安全生产管理人员；企业各层次生产、技术、机械、材料、劳务、财务、经营、审计、教育、劳资、卫生、后勤等职能部门与管理人员；分包单位的现场负责人、管理人员和作业班组长。

建筑施工企业的安全生产责任制是指本企业内部各个不同层次的安全生产责任制所构成的责任体系。

三、安全生产责任制的具体内容

1. 建筑活动主要负责人安全生产责任制

建筑企业要加强安全生产的领导，尊重科学，严格管理，应当逐级建立安全责任制度。企业经理和主管生产的副经理对本企业的劳动保护和安全生产负总的责任。其责任是：认真贯彻执行劳动保护和安全生产政策、法规和规章制度；定期向企业职代会报告企业安全生产情况和措施；制定企业各级干部的安全责任制等制度；定期研究解决安全生产中的问题；组织审批安全技术措施计划并贯彻实施；定期组织安全检查和开展安全竞赛等活动；对职工进行安全和遵章守纪教育；督促各级领导干部和各职能部门的职工做好本职范围内的安全工作；总结与推广安全生产先进经验；主持重大伤亡事故的调查分析，提出处理意见和改进措施，并督促实施。

企业总工程师（技术负责人）对本企业的劳动保护和安全生产的技术工作负总的责任。项目经理应对本项目劳动保护和安全生产工作负具体领导责任。班组长、施工员对所管工程的安全生产负直接责任。

企业中的生产、技术、材料供应等各职能机构，都应在各自业务范围内对安全生产负责。

2. 企业安全管理人员安全生产责任制

企业应根据实际情况建立安全机构，并按照职工总数配备相应的专职人员（一般为 0.2% ~ 0.5%），负责安全管理工作和安全监督检查工作。其主要的职责是：

（1）贯彻执行有关安全技术劳动保护法规。

（2）做好安全生产的宣传教育和管理工作，总结交流推广先进经验。

（3）经常深入基层，指导安全技术人员的工作，掌握安全生产情况，调查研究生产中的不安全问题，提出改进意见和措施。

（4）组织安全活动和定期安全检查。

（5）参加审查施工组织设计（施工方案）和编制安全技术措施计划，并对贯彻执行情况进行督促检查。

（6）与有关部门共同做好新入场工人、特殊工种工人的安全技术培练、考核、发证工作。

（7）进行工伤事故统计、分析和报告，参加工伤事故的调查和处理。

（8）禁止违章指挥和违章作业，遇到险情，有权暂停生产，并报告领导处理。

3. 项目经理安全职责

项目经理是项目安全生产的第一责任人，负责整个项目的安全生产工作，对项目的安全负有领导责任。其安全职责包括以下几个方面：

（1）对工程项目施工过程负领导责任。

（2）在施工全过程中，认真贯彻落实安全生产方针政策、法律法规和各项规章制度。结合项目实际情况，制定本项目各项安全生产管理办法。严格履行安全考核指标和安全生产奖惩办法。

（3）在组织项目工程业务承包、聘用业务人员时，必须本着安全工作只能加强的原则，根据工程特点确定安全工作管理制度、配备人员，明确各业务承包人的安全责任和考核指标。

（4）健全和完善用工管理制度，录用外包队必须及时向有关部门申报，严格遵守用工制度，适时组织上岗安全教育。

（5）认真落实施工组织设计中的安全技术措施和安全技术管理的各项措施，严格执行安全技术审批制度，组织并监督项目工程施工中的安全技术交底制度和设备、设施验收制度的实施。

（6）领导组织施工现场定期的安全生产检查，发现不安全问题要及时采取措施解决。对上级提出的安全生产与管理方面的问题，要定时、定人、定措施予以解决。

（7）发现事故要及时上报，并保护好现场，做好抢救工作。积极配合上级部门的调查，认真落实防范措施，吸取教训。

4. 项目技术负责人安全职责

（1）认真执行安全生产方针政策和法规，落实安全生产各项规章制度，结合项目实际情况，主持安全技术交底工作。

（2）参加或组织编写施工方案的同时，制定安全技术措施，并随时检查、监督和落实。

（3）主持安全防护设施设备的验收，并做出结论性意见，严禁不符合要求的设施设备进入现场。

（4）参加工程项目的安全检查，对存在的不安全因素，从技术上提出整改意见。参加安全事故的调查，从技术上分析事故原因，提出有效的防范措施。

（5）项目应用新材料、新工艺、新技术时要及时上报，经上级部门批准后才能实施。组织操作人员进行相应的技术培训，组织编写对应的安全操作规程、安全技术措施，对工人实施安全技术交底，并进行监督。

5. 施工员安全职责

施工员是指在建筑与市政工程施工现场，从事施工组织策划、施工技术与管理，以及施工进度、成本、质量和安全控制等工作的专业人员，对所管理的工程安全负直接责任，其安全职责包括：

（1）严格执行各项安全生产规章制度，对所管辖工程的安全生产负直接责任。

（2）认真落实安全技术措施，根据项目实际情况，向作业班组进行详细的书面安全技术交底，履行签字确认手续，并对规程、措施、交底要求执行情况随时检查，随时纠正违章作业。

（3）随时检查作业内的各项防护措施、设备的安全情况，及时消除不安全因素，不得违章指挥。

（4）配合项目安全员定期和不定期地组织班组进行安全学习，开展安全生产活动，监督和检查工人正确使用个人防护用品。

（5）对项目应用的新材料、新工艺、新技术严格执行申报和审批制度，发现问题及时停止使用，并上报有关部门或领导。

（6）发生安全事故要立即上报，保护好现场，参与事故的调查处理。

6. 安全员安全职责

安全员是指在建筑与市政工程施工现场，从事施工安全策划、检查、监督等工作的专业人员，对本项目的安全生产负监督和检查的责任，其安全职责包括：

（1）认真贯彻执行劳动保护、安全生产的方针、法令、政策、法规和规范标准，做好安全生产的宣传教育和管理工作。

（2）在施工现场，负责安全生产巡视督查，并做好记录。监督各项安全措施的落实，消除事故隐患，分析安全动态，不断改进安全技术措施。

（3）参与安全技术措施的制定及审查。

（4）对职工进行安全生产教育，并进行考核。

（5）正确执行安全否决权，奖罚分明，公平公正，做好各级职能部门对本项目安全检查的配合工作。

（6）参与伤亡事故的调查和处理，并总结经验，防止类似事故再次发生。

7. 质量员安全职责

质量员是指在建筑与市政工程施工现场，从事施工质量策划、过程控制、检查、监督、验收等工作的专业人员，其安全职责包括：

（1）遵守国家法律法规，执行上级有关安全生产规章制度，熟悉安全技术措施。

（2）在质量监控的同时，顾及安全设施的完善和使用功能、各部位洞边的防护状况，发现问题及时通知安全员，落实整改。

（3）对于悬挑结构的支撑，要考虑安全系数，防止由于支撑的质量问题发生倒塌，造成安全事故。

（4）在施工中要严格控制预制构件质量，避免因构件不合格而造成断裂，发生安全事故。

（5）在质量监控的过程中，如发现安全隐患，应立即通知安全员或者项目经理，同时有权责令暂停施工，待消除隐患后才能继续施工。

8. 材料员安全职责

材料员是指在建筑与市政工程施工现场，从事施工材料计划、采购、检查、统计、核算等工作的专业人员，其安全职责包括：

（1）遵守国家法律法规，执行上级有关安全生产规章制度，熟悉安全技术措施。

（2）采购建筑材料、安全设施和劳动用品时，要保证设施和物品的质量。不能以次充好，严禁劣质产品入库。

（3）购买安全设施、劳保用品、防护材料时，应该认准国家批准的设施和物品，同时取得合格证书。

9. 班组长安全职责

（1）认真执行安全生产规章制度和安全操作规程，合理安排班组人员的工作，对本班组人员的安全和健康负责。

（2）积极组织班组人员学习安全操作规程，监督班组人员正确使用劳保用品，提高自身保护能力。

（3）开工前要进行安全技术交底，做好安全教育工作，不得违章指挥、冒险蛮干。

（4）随时检查班组现场作业的安全情况，发现问题及时解决并上报。

（5）做好新入场工人的岗位教育。

（6）发生安全事故时，保护好现场，并立即上报有关领导。

【案例导入】

案例：安全生产目标责任书

甲方：＿＿＿＿＿＿＿＿＿＿

乙方：＿＿＿＿＿＿＿＿＿＿

为了认真贯彻执行《××省劳动保护条例》，明确甲乙双方各自安全生产责任，加强对施工现场的安全管理，保障作业人员在施工中的安全和健康，经甲乙双方协议，一致同意签订本协议书。

甲乙双方必须共同遵守劳动保护及安全生产方针、政策和规定，认真执行《××省劳动保护条例》和项目部《安全生产管理制度》的规定和要求。

甲方责任：

一、甲方应提供相关的劳动防护用品，建立对乙方的安全教育、安全检查，并及时通知乙方负责人参加有关安全生产会议和安全活动。

二、甲方负责对乙方所有参加施工人员的三级安全教育,分部、分项和各班组安全技术交底工作,负责个人安全生产责任书的签订工作。

三、甲方会同乙方按规定半个月组织 1 次安全检查,发现有安全隐患要登记并制定整改方案和措施,及时通知有关人员进行整改。对不及时整改的有关人员,甲方将按规定做出罚款处理或停工整改处理。

乙方责任:

一、乙方负责人应对施工中的安全生产负直接领导责任,按照上级规定,要求本班组施工人数在 50 名以上的,应配备 1 名兼职安全员,负责现场安全检查和管理。乙方必须接受甲方安全生产技术管理人员的指导和监督。

二、乙方负责人上班前必须做出当天安全方面的技术交底、上岗检查、上岗教育、下岗检查。严格按操作规程作业,并有安全技术交底记录,每月交一次安全日记给项目部安全科。

三、乙方不得安排患有高血压、心脏病和其他不适合高空作业的人员从事高空作业,也不得录用未满 16 周岁的童工。

四、乙方负责人必须严格教育本班组全体施工人员进入现场要戴好安全帽并扣好帽带,严禁酒后高空作业,穿拖鞋、光脚和赤膊施工,确保施工人员的安全,努力提高职工在生产中的安全意识,时时注意安全。

五、乙方操作人员如发生安全事故,必须立即送往医院救治,并保护好事故现场,通知项目部有关人员,一起查明事故原因,并做到按"四不放过"原则处理和追究责任,经济损失按责任各自负责。

甲乙双方必须严格共同遵守所制定的本协议条款。

　　　　甲方(代表):　　　　　　　乙方(代表):

　　　　　年　月　日　　　　　　　　　年　月　日

【学习思考】

1. 安全生产责任制的要求:实行安全生产目标管理,层层建立和落实安全生产责任制,直至 _____ 、_____ 、班组。

2. 企业应根据实际情况,建立安全机构,并按照职工总数的( )配备相应的专职人员,负责安全管理工作和安全监督检查工作。

A. 1%   B. 0.1%

C. 2% ~ 3%   D. 0.2% ~ 0.5%

3. 建筑工程安全生产责任制度是什么？

4. 假如你是某在建教学楼的施工员，说说你在整个施工过程中的安全职责有哪些？

5. 建筑工程的安全问题是安全员的责任，与资料员没有关系，你觉得对吗？为什么？

6. 作为安全员你觉得你应该做哪些事情？

7. 简述我国建立建筑企业安全生产责任制的目的和要求。

码 2-2　单元 2.1
学习思考参考答案

【实践活动】

参观施工现场，重点收集有关安全生产责任制度的资料，并结合实践写一份总结。

单元 2.2　安全生产管理策划

> 通过本单元的学习，学生能够：了解安全策划的依据和原则，独立完成安全目标与内容策划，安全保证体系策划。

项目安全策划是通过对具体项目的生产风险的科学分析，逐步实现对工程项目的有目标、有计划和有步骤地全方位、全过程控制。规划生产安全目标、确定过程控制要求、制定安全技术措施、配备必要资源、确保安全目标的实现是安全策划的主要目的（图 2-1、图 2-2）。

一、安全策划的依据和原则

1. 安全策划的依据

（1）国家和地方安全生产、劳动保护、环境保护和消防等法律法规及方针政策。

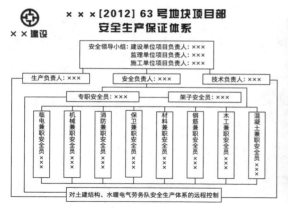

图 2-1　安全生产保证体系

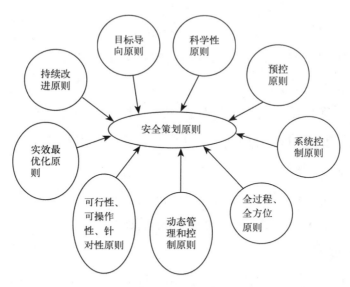

图 2-2　安全标志

（2）国家和地方建筑工程安全生产法律法规和方针政策。

（3）建筑工程安全生产技术规范、规程、标准等。

2. 安全策划原则

安全策划原则包括 9 个方面（图 2-3）。

图 2-3　建筑工程安全管理策划原则

（1）目标导向原则

目标导向原则是现代安全管理的指导思想。在建筑工程施工前制定安全目标，在建筑工程施工过程中实施安全控制，并努力实现该目标。

（2）预控原则

坚持预控原则，体现了建筑工程项目安全管理的主动控制和事前控制的思想。必须坚持"安全第一，预防为主"的安全管理原则。安全管理和控制必须要有一定的预知性和预控性，对建筑工程施工的全过程制定预警措施。

（3）系统控制原则

安全控制是与投资控制、进度控制、目标控制同时进行的，努力做到四大目标控制的有机结合和相互平衡，实现目标系统的最优化。

（4）全过程、全方位原则

坚持全过程、全方位原则，是指安全策划覆盖建筑工程施工的全过程、全内容。

（5）动态管理和控制原则

建筑工程施工过程中的不安全因素是变化的、动态的，所以必须对其实施动态控制。

（6）可行性、可操作性、针对性原则

安全策划应根据工程项目的实际情况和实事求是的原则，要求安全控制方案具有可行性、可操作性，安全技术措施具有针对性。

（7）实效最优化原则

坚持实效最优化的原则，正确处理好项目投入和安全处理措施经费之间的关系。在确保安全目标的前提下，坚持经济、人力和物力投入的最优化。

（8）持续改进原则

建筑工程施工是一个动态的生产活动，只有持续改进，才能适应变化的安全生产活动，不断提高安全管理水平和控制水平。

（9）科学性原则

安全策划应代表最先进的生产力和管理方法，以国家的法律法规、地方政府的安全管理规定、安全技术标准和安全技术规范为依据，科学指导工程项目安全管理的开展。

二、安全目标与内容策划

1. 安全目标策划

工程项目安全目标是根据工程项目的整体目标，在分析内部条件和外部环境的基础上，确定安全生产所要达到的目的。

（1）建筑工程安全目标

安全目标包括控制目标、管理目标和工作目标，见表 2-1。

建筑工程安全目标

表 2-1

安全目标	内容
控制目标	杜绝因工重伤、死亡事故的发生； 负轻伤频率控制在 6‰以内； 不发生火灾、中度和重度机械事故； 无环境污染和严重扰民事件
管理目标	及时消除重大事故隐患，一般隐患整改率达到 95%； 扬尘、噪声、职业危害作业点合格率达到 100%； 保证施工现场达到当地省（市）级文明安全工地
工作目标	建筑工程施工现场实现全面安全教育； 特种作业人员持证上岗率达到 100%； 操作人员三级安全教育率达到 100%； 按期开展安全检查活动，隐患整改做到"五定"，即定整改责任人、定整改措施、定整改完成人，定整改完成时间和定整改验收人； 认真把好建筑工程安全生产的"七关"，即教育关、措施关、交底关、防护关、文明关、验收关及检查关； 认真开展重大安全生产活动和工程项目的日常安全活动

（2）制定建筑工程安全目标时应考虑的因素

建筑工程安全目标制定时应考虑：上级机构的整体方针和目标；危险源和环境因素识别、评价和控制策划的结果；有关的法律法规、标准规范和其他要求；可以选择的技术方案；财务、运行和经验上的要求；相关方的意见等。

（3）建筑工程安全目标制定的要求

建筑工程安全目标制定要明确、具体，并具有针对性；应针对项目部各个层次进行目标分解；目标应可以量化。

2. 安全内容策划

（1）建筑工程安全策划依据

建筑工程安全策划依据有国家和地方安全生产、劳动保护、环境保护及消防等法律法规和方针政策；国家和地方建筑工程安全生产法律法规和方针政策；建筑工程安全生产技术规范、规程、标准和其他依据等。

（2）工程概况

工程概况主要包括工程特点、地点特征和施工条件等内容。

（3）危险源和环境因素的识别、评价及控制策划

建筑施工单位应识别施工各个阶段、部位、场所所需控制的危险源和环境因素，并评价其对施工现场内外的影响，确定重大危险源和重大环境因素，同时建立相应的管理档案，其内容包括危险源和环境因素识别、评价结果和清单。

（4）建筑及场地布置

根据场地自然条件预测主要危险源及防范措施；工程项目总体布置中易燃易爆和有毒物品造成的影响及其防范措施；临时变压器的周边环境；项目施工是否对周边居民出行造成影响。

（5）主要安全防范措施

全面分析各种危险源确定施工工艺路线，选用可靠的装置设备，按危险源的危险性分类设置安全设施和必要的检测、检查设备；针对具体的危险源和环境因素，编制安全技术措施、安全防护措施及作业安全注意事项；根据爆炸和火灾危险场所的类别、等级、范围，选择电器设备的安全距离、防雷、防静电等设施；对可能出现的危险做出预案防范措施；在危险场所和部位的危险作业期间应采用防护设备、设施等安全措施，如高空作业、外墙临边作业等。

（6）安全检查和安全措施经费

安全检查的内容包括：安全生产责任制、安全生产保证计划、安全技术管理、安全组织机构、安全教育培训、设备安全管理、安全设备、安全持证上岗、安全标识、安全记录等。

安全措施经费包括：主要生产环节专项防范设施费用、设备及设施的检测费用、安全教育及事故应急措施费用等。

（7）安全生产保证计划

在项目开工前，根据项目类型、危险源的评价结果、环境因素等实际情况，编写施工现场安全生产保证计划，由项目经理批准报上级部门审批。

三、安全保证体系策划

我国的安全生产管理体制是"企业负责、行业管理、国家监察、群众监

督、劳动者遵章守纪"。而安全保证体系就是按照安全生产管理体制建立和健全起来的。

安全保证体系主要包括：安全生产管理机构和人员、安全生产责任体系、安全生产资源保证体系、安全生产管理制度四个方面。

1. 安全生产管理机构和人员

安全生产管理机构的主要任务是负责落实国家有关安全生产的法律法规及有关的强制性标准，监督安全措施的落实情况，组织工程施工单位进行内部安全检查。《建设工程安全生产管理条例》第二十三条规定："施工单位应当设立安全生产管理机构，配备专职安全生产管理人员。"

安全生产管理人员的主要职责是负责安全生产，现场监督检查，发现事故隐患及时向项目负责人和安全生产管理机构报告，对违章指挥和违章作业行为应当及时制止。

项目经理部要建立以项目经理为组长的安全生产管理小组，根据工程实际情况设置安全生产管理机构，配置安全生产管理人员。安全生产管理人员配置情况见表 2-2。

安全生产管理人员配备表 表 2-2

施工面积或造价	安全生产管理人员
施工面积 1 万 m² 以下或者相应造价的工程	至少配备 1 名专职安全生产管理人员
施工面积 1 万 ~ 5 万 m² 或者相应造价的工程	设 2 ~ 3 名专职安全生产管理人员
施工面积 5 万 m² 及以上的大型工程	应由总承包单位组织不同专业分包单位安全生产管理人员共同组成安全生产管理小组，从业人员在 50 人及以上时，每 50 人应配备专（兼）职安全生产管理人员 1 名

2. 安全生产责任体系

建筑工程项目安全生产责任体系有三个层次：

（1）项目经理是工程项目施工安全生产的第一责任人，由项目经理组织和聘用施工项目安全负责人、技术负责人、机械管理负责人、生产调度负责人、消防管理负责人、劳务管理负责人及其他相关部门负责人组成安全决策机构。

（2）分包队伍负责人是本队伍安全生产第一责任人，负责执行总包单位的安全管理措施。

（3）作业班组负责人是本班组安全生产的第一责任人，保证本区域、本岗位的安全生产。

3. 安全生产资源保证体系

项目部应建立和实施施工现场安全生产资源保证体系，安全生产的资源投入包括人力、物资和资金的投入（图 2-4）。

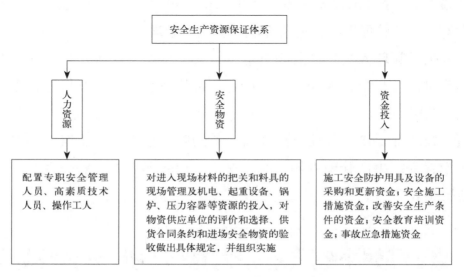

图 2-4　安全生产资源保证体系

4. 安全生产管理制度

制度建设是安全工作的基础之一，也是实现安全管理目标的重要手段。建立和不断完善安全管理制度体系，并将各项安全管理制度落实到建筑生产中。

（1）建筑施工企业的安全许可制度

为了严格规范施工单位的安全生产条件，进一步加强安全生产监督管理，防止和减少安全生产事故的发生，根据《安全生产许可证条例》《建设工程安全生产管理条例》等有关行政法规，制定了《建筑施工企业安全生产许可证管理规定》。

《建筑施工企业安全生产许可证管理规定》中明确规定：国家对建筑施工企业实行安全生产许可制度，建筑施工企业未取得安全生产许可证的，不得从事建筑施工活动。

《建筑施工企业安全生产许可证管理规定》第五条规定：建筑施工企业从事建筑施工活动前，应当依照本规定向省级以上建设行政主管部门申请领取安全生产许可证。中央管理的建筑施工企业（集团公司、总公司）应当向国务院建设行政主管部门申请领取安全生产许可证。前款规定以外的其他建筑施工企业，包括中央管理的建筑施工企业（集团公司、总公司）下属的建筑施工企业，应当向企业注册所在地省、自治区、直辖市人民政府建设行政主管部门申请领取安全生产许可证。

（2）建筑施工企业安全生产责任制度

为贯彻"安全第一、预防为主、综合治理"的安全生产方针，根据国家和上级主管部门有关文件精神和公司的生产实际，结合"管生产必须管安全""管安全人人有责"等原则制定安全生产责任制度。安全生产责任制度是企业对项目经理、各级领导、各个部门及各类人员规定的对安全生产应负责任的制度。

（3）建筑施工企业安全生产培训管理制度

安全生产教育要体现全面、全员、全过程，施工现场所有人都应该实现先培训后上岗的原则。

《建筑施工安全检查标准》JGJ 59—2011 对安全教育提出了明确要求，具体内容如下：

①项目部应建立安全教育培训制度；

②施工人员入场时，项目部应组织进行以国家安全法律法规、企业安全制度、施工现场安全管理规定及各工种安全技术操作规程为主要内容的三级安全教育培训和考核；

③施工人员变换工种或采用新技术、新工艺、新设备、新材料施工时，应进行安全教育培训；

④施工管理人员、专职安全员每年度应进行安全教育培训和考核。

（4）安全技术交底制度

安全技术交底制度是安全管理制度的重要组成部分，安全技术交底实现逐级安全技术交底制度，纵向延伸到班组全体作业人员，必须贯穿于施工全过程、全方位。各级管理人员需要亲自逐级进行书面交底，职责明确，落实到人。

（5）安全事故处理制度

安全事故一旦发生必须及时处理，事故处理是落实"四不放过"原则的核心环节，事故发生后，应该严格保护事故现场，做好标志，排除险情，及时采取有效措施抢救伤员和财产，有效防止事故的蔓延扩大。在事故处理过程中施工单位要做到：

①当施工现场发生生产安全事故时，施工单位应按规定及时报告；

②施工单位应按规定对生产安全事故进行调查分析，制定防范措施；

③应依法为施工作业人员办理保险；

④对事故发生的责任人追究相应的法律责任。

（6）安全标志规范悬挂制度

安全标志由安全色、图形符号和几何图形构成，用以表达特定的安全信息。安全标志分为禁止标志、指令标志、警告标志和提示标志四类。

《建筑施工安全检查标准》JGJ 59—2011对施工现场安全标志的设置要求如下：

①施工现场入口处及主要施工区域、危险部位应设置相应的安全标志牌；

②施工现场应绘制安全标志布置图；

③应根据工程部位和现场设施的变化，调整安全标志牌设置；

④施工现场应设置重大危险源公示牌（图2-5）。

图2-5　施工现场重大危险源公示牌

【学习思考】

1. 对建筑工程安全管理目标中控制目标的内容描述正确的有（　　）。

    A. 杜绝因工重伤、死亡事故的发生

    B. 负轻伤频率控制在 6‰以内

    C. 不发生火灾、中度和重度机械事故

    D. 无环境污染和严重扰民事件

2. 施工现场应按期开展安全检查活动，对于发现的安全隐患的整改需要做到"五定"，即 ＿＿＿＿＿ 、 ＿＿＿＿＿ 、 ＿＿＿＿＿ 、 ＿＿＿＿＿ 和定整改验收人。

3. 施工面积 1 万 m^2 以下或者相应造价的工程，至少配备 ＿＿＿＿＿ 名专职安全生产管理人员。

4. 什么是建筑工程施工安全策划？

5. 简述安全策划的内容。

6. 简述安全保证体系策划的主要内容。

7. 说说你知道的安全标志，并说明使用地点和作用。

8. 建筑工程安全管理最终要达到哪些目标？并说说具体内容。

码 2-3　单元 2.2
学习思考参考答案

【实践活动】

参观施工现场，重点观察施工现场重大危险源，并做好记录。

单元 2.3　安全事故应急救援预案

通过本单元的学习，学生能够：了解应急救援预案体系的构成，熟悉应急救援预案编制的基本要求、工作程序，独立完成应急救援预案编制，熟悉应急救援预案的评审。

图 2-6、图 2-7 是安全事故应急救援的相关图片。安全事故应急救援，

是指在事故发生时，采取的消除、减少事故危害和防止事故恶化，最大限度地降低事故损失的措施。

安全事故应急救援预案，又称应急方案，是指根据预测危险源、可能发生事故的类别、危害程度，为使一旦发生事故时能够及时、有效、有序地采取应急救援行动，而预先制定的指导性文件，是事故救援系统的重要组成部分。

图 2-6　安全事故应急预案演练动员大会　　　　图 2-7　领导小组在应急预案演练现场

安全事故应急救援预案在应急系统中起着关键作用，明确了在突发事故发生之前、中间及结束之后，谁负责做什么，什么时候做，以及相应的策略和资源准备等有关内容。建立安全事故应急救援预案，可以在事故发生时，指导应急行动按计划有序进行，防止因救援不力或现场混乱而延误事故处理。不少事故一开始并不是重大或特大事故，而是因为没有有效的救援系统和应急预案，事故发生后，惊慌失措，盲目应对，导致事故扩大。只要建立了事故应急救援预案，并按事先设计和演练的要求进行控制，相信绝大部分事故都是可以在初期被有效控制的。

一、应急救援预案体系的构成

应急预案应形成体系，基于可能面临的多种类型突发灾害，为保证各种类型危险预案之间的整体协调性和层次，实现共性与个性、通用性与特殊性的有效结合，把应急预案划分为三个体系。

1. 综合应急预案

综合应急预案是指从整体上阐述安全事故的应急方针、政策，应急组织结构和相关应急职责，应急行动的总体思路等，是应对各类安全事故的综合性文件。

2. 专项应急预案

专项应急预案是针对某种具体的安全事故，如中毒事故、施工现场触电事故、坍塌事故、火灾等的应急而制定的应急预案，是综合应急预案的组成部分。专项应急预案应该指定明确的救援程序及具体的应急救援措施。

3. 现场应急预案

现场应急预案是针对风险较大的具体场所或重要防护区域而制定的应急预案。现场应急预案是在专项应急预案的基础上，根据实际情况编制，如在坍塌事故专项应急预案基础上编制的某建筑大模板支撑体系坍塌应急预案等。

二、应急救援预案编制的基本要求

应急救援预案的编制应当符合下列基本要求：

（1）符合有关法律法规、规章和标准的规定；

（2）结合本地区、本部门、本单位的安全实际情况；

（3）结合本地区、本部门、本单位的危险性分析情况；

（4）应急组织和人员的职责分工明确，并有具体的落实措施；

（5）有明确、具体的事故预防措施和应急程序，并与其应急能力相适应；

（6）有明确的应急保障措施，并能满足本地区、本部门、本单位的应急工作要求；

（7）预案要素齐全、完整，预案附件提供的信息准确；

（8）预案内容与相关应急预案相互衔接。

三、应急救援预案编制的工作程序

生产经营单位的主要负责人有组织制定并实施本单位生产事故应急救援预案的职责。具体到施工项目，项目经理是应急救援预案编制的责任人，安全员应该参与预案编写。应急救援预案的编制应遵循以下程序（图 2-8）：

（1）成立应急救援预案编制组并进行分工，编制方案，明确职责；

（2）根据需要收集相关资料，包括施工区域的地理、气象、水文、环境、人口、危险源分布情况、社会公用设施和应急救援力量现状等；

（3）进行危险辨识与风险评价；

（4）对应急资源进行评估（包括软件、硬件）；

（5）确定指挥机构、人员及其职责；

（6）编制应急救援计划；

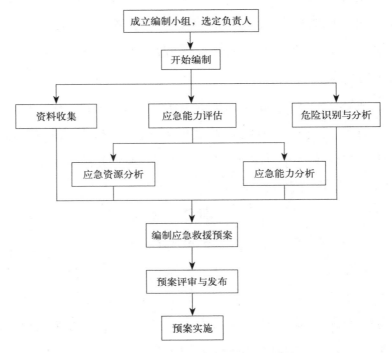

图2-8 应急救援预案编制工作流程

（7）对预案进行评估；

（8）修订完善，形成应急救援预案的文件体系；

（9）按规定将预案上报有关部门和相关单位；

（10）对应急预案进行修订和维护。

四、应急救援预案编制的主要内容

安全事故应急救援预案的编制应包含以下主要内容：

（1）预案编制的原则、目的及所涉及的法律法规的概述；

（2）施工现场的基本情况，周边环境、社区的基本情况；

（3）危险源的危险特性、数量及分布图；

（4）指挥机构的设置和职责；

（5）可能需要的咨询专家；

（6）应急救援专业队伍和任务，应急物资、装备器材；

（7）报警、通信和联络方式（包括专家名单和联系方式）；

（8）事故发生时的处理措施，工程抢险抢修，现场医疗救援，人员紧急疏散、撤离；

（9）危险区的隔离、警戒与治安；

（10）外部救援；

（11）事故应急救援的终止程度；

（12）应急预案的培训和演练；

（13）相关附件。

五、应急救援预案的评审

应急救援预案是救援工作的指导性文件，所以应该组织有关部门及专家对预案进行评审，针对实际情况对预案中所暴露的缺陷，不断更新、改进和完善。

由地方各级安全生产监督管理部门组织有关专家对应急救援预案进行评审，必要时可以召开听证会。需要有关部门配合的，应当征得有关部门的意见。

参加应急救援预案评审的人员包括预案涉及的政府部门工作人员和有关安全生产以及事故应急管理专家。评审人员与所评审预案的单位有利益关系的，应当回避。

应急救援预案的评审或者论证都应当注意其实用性、基本要素的完整性、组织体系的科学性、预防措施的针对性、响应程序的可操作性、应急保障措施的可行性等。

【案例导入】

案例：××市新兴产业示范区横三路市政工程土方坍塌事故应急救援预案

为认真贯彻执行"安全第一，预防为主"的方针，进一步加强项目部安全生产管理工作，控制和减少坍塌事故的发生，并在一旦发生坍塌事故能够当机立断，采取有效措施和及时救援，最大限度地减少人员伤亡和财产损失，根据《建设工程安全生产管理条例》及××省××市的有关规定，结合项目部实际情况，制定坍塌事故应急救援预案。

一、项目应急救援组织机构

项目部事故应急救援领导小组

　　　　组长：郭××

　　　　组员：谭××　刘××　李××　汪××

项目部事故应急救援队

　　　　队长：汪××

　　　　队员：杨××　牛××　赵××　邹××　柳××　王××　成××

二、应急救援预案内容

1. 目的

为确保本项目部在发生坍塌事故时，能使受困者迅速脱离险情，救治伤员，将事故发生的损失减少到最低程度，特制定本应急救援预案。

2. 适用范围

本应急预案适用于本项目部在发生土方坍塌事故时，做出应急准备与响应。

3. 职责

3.1 坍塌事故发生时，由项目经理负责指挥处理事故。

3.2 项目应急救援队、施工员、安全员等相关人员应在坍塌事故发生地，协同处理事故。

4. 应急预案内容

4.1 事故发生时的处置措施

（1）尽量使用人工挖掘被掩埋伤员，使其及时脱离危险区。

（2）进行简易包扎、止血或简易骨折固定。

（3）对呼吸、心跳停止的伤员予以心肺复苏。

（4）事故发生后应立即报告项目部应急救援领导小组。应急救援领导小组在第一时间到达后立即组织应急救援队抢救现场伤员、清理坍塌现场，并做好警戒，禁止无关人员进入事故现场，以免造成二次伤害。

（5）应急救援队负责清除伤员口鼻内泥块、凝血块、呕吐物等，将昏迷伤员舌头拉出，以防窒息。

（6）组织人员尽快解除重物压迫，减少伤员挤压综合征发生，并将其转移至安全地方。

（7）尽快与 120 急救中心取得联系，详细说明事故地点、严重程度，并派人到路口接应，同时预备好车辆，随时准备运送伤员到附近的医院救治。

（8）在没有人员受伤的情况下，现场负责人应根据实际情况研究补救措施，在确保人员生命安全的前提下，组织恢复正常施工秩序。

（9）迅速运走边坡弃土、材料机械设备等重物；加强基坑支护，对边坡薄弱环节进行加固处理；削去部分坡体，减小边坡坡度。

（10）技术负责人、现场安全员应对坍塌事故进行原因分析，制定相应的纠正措施，认真填写伤亡事故报告表、事故调查等有关处理报告，并上报公司和上级相关部门。

4.2 注意事项

（1）事故发生后应立即停止施工，关闭机械，以免二次伤害。

（2）人工胸外心脏按压、人工呼吸不能轻易放弃，必须坚持到底。

（3）注意观察基坑周边建筑物或设备，及时组织人员撤离危险区。

4.3 电话报救须知

4.3.1 救护电话：120

4.3.2 拨打电话时要尽量说清楚以下情况：

（1）说明伤情和已经采取了哪些措施，便于救护人员事先做好急救准备；

（2）讲清楚伤者在什么地方、什么路几号什么路口，附近有什么特征；

（3）说明报救者单位、姓名和电话；

（4）通完电话后，应派人在现场外等候接应救护车，同时把救护车进入工地的路上障碍及时给予清除，救护车到达后能及时进行抢救。

5. 坍塌事故应急救援预案人员及其电话号码

项目值班电话：

项目安全经理电话：

6. 事故后处理工作

6.1 查明事故原因及责任人。

6.2 以书面形式向上级提交报告，内容包括事故发生的时间、地点、受伤（死亡）人员姓名、性别、年龄、工种、伤害程度、受伤部位。

6.3 制定有效的预防措施，防止此类事故再次发生。

6.4 组织所有人员进行事故教育。

6.5 向所有人员宣读事故结果，以及对责任人的处理意见。

××土木工程有限公司××市新兴产业示范区工程项目部

××××年××月××日

【学习思考】

1. 应急救援预案由 _____ 、_____ 、_____ 三个体系构成。

2. 应急救援预案的编制有哪些要求？

3. 简述应急救援预案的主要内容。

4. 参加应急救援预案评审的人员包括 _____ 和有关安全生产以及事故应急管理专家。评审人员与所评审预案的单位有利益关系的，应当 _____ 。

5. 应急救援预案是如何进行评审的？

【实践活动】

参考本单元案例"土方坍塌事故应急救援预案"，编写脚手架倒塌事故的应急救援预案。

码2-4　单元2.3
学习思考参考答案

模块 3
资源环境安全检查

【模块描述】

在每一个建设项目的施工现场，影响施工生产的顺利进行或威胁现场作业人员生命及财产安全的不安全因素随时存在。为了确保施工生产的顺利进行和现场人员的安全，必须做好项目全过程的安全检查工作，排除存在的各种安全隐患，实现安全生产的目标。

安全检查是指对施工生产过程中影响正常生产的各种人为因素和物的因素，如机械、设备、流程等，进行深入细致地调查和研究，发现不安全因素，消除安全隐患。安全检查是建筑安全管理对安全目标进行控制的重要措施。

本模块重点介绍安全检查的形式、主要内容及标准、劳动防护用品、安全教育培训、特种作业等方面内容。

通过本模块的学习，学生能够：了解安全检查的目的、意义；了解安全检查的形式；掌握安全检查的内容、安全检查的标准；参与对施工机械、临时用电、消防设施的安全检查；了解劳保用品的基本配备要求，对防护用品与劳保用品进行符合性检查；了解安全教育培训的目的、意义、形式，掌握安全教育的主要内容，组织实施项目作业人员的安全教育培训；对特种作业人员的资质进行审查。

单元 3.1　安全检查

通过本单元的学习，学生能够：充分认识安全检查的重要性，掌握安全检查的形式、内容、方法及相关标准等内容，参与施工现场安全检查工作。

从图 3-1 ～图 3-4 中可以看出，施工现场中各种影响施工生产安全和作业人员人身安全的因素随时存在。安全事故造成的危害是极大的，轻则拖延工期、造成经济损失，重则造成人员伤亡甚至整个工地都无法进行施工。

码 3-1　单元 3.1 导学

图 3-1　脚手架倒塌

图 3-2　塔式起重机倒塌

图 3-3　施工现场火灾

图 3-4　施工现场倒塌

无论发生何种程度的安全事故，对于建筑企业来说损失是必然的，任何人或企业都不希望这种事故发生。如何预防事故的发生呢？这就要求我们在施工全过程中做好安全检查，预知危险、消除危险。

一、安全检查的目的、意义

通过安全检查，可以发现和消除事故隐患，做到防患于未然。在施工现场，安全检查占有非常重要的地位，它是发现和消除事故隐患、落实安全措施、预防事故发生的重要手段，也是发动群众共同搞好安全工作的一种有效形式。

安全检查的目的可以归纳为以下几点：

（1）进一步贯彻落实党和国家安全生产方针、政策以及各项安全生产规章制度、规范标准。

（2）发现施工生产中的不安全因素（如人的不安全行为和物的不安全状态）、不安全问题等，进一步采取对策来消除不安全因素，保障安全生产。

（3）增强施工现场作业人员的安全意识，避免违章指挥、违章作业，提高安全生产的自觉性和责任感。

（4）互相学习、总结经验、吸取教训、取长补短，有利于进一步促进安全生产工作。

（5）通过安全检查，了解安全生产动态，为分析安全生产形势、研究加强安全管理提供信息和依据。

二、安全检查的形式

建设工程施工的安全检查形式一般分为：主管部门对下属单位进行的安全检查、定期安全检查、专业性安全检查、季节性及节假日前后安全检查、经常性安全检查等。

由于安全检查的目的和内容不同，所以安全检查的组织形式也有所不同，参加安全检查的相关人员也不尽相同。

1. 主管部门对下属单位进行的安全检查

检查的重点是：国家安全生产方针、政策的贯彻执行力度；各级人员对规章制度和安全生产责任制的落实情况；从业人员在安全生产权力方面的保障情况；施工现场的安全状况等。

2. 定期安全检查

建筑企业必须建立定期分级安全检查制度，这属于全面性、考核性的检查。定期安全检查通过有组织、有计划、有目的的形式来实现，由建筑施工单位统一组织实施。

由于企业的规模、性质、地区气候和地理环境等的差别，检查周期可以根据实际情况适当调整。一般情况下，企业应每季度组织一次安全检查；下属企业每月组织一次；项目部每半个月组织一次；对于施工现场比较集中的企业而言，可以每月组织一次；下属企业半个月或每旬组织一次安全检查。

总之，可根据具体情况和上级部门的要求建立定期安全检查制度。每次安全检查应由主管安全的领导、技术负责人带队，安全、设备等部门参加。定期安全检查具有组织规模大、检查范围广、有深度、能及时发现并解决问题等特点，一般结合重大危险源评估、现状安全评价等工作一起开展。

3. 专业性安全检查

专业性安全检查应由有关业务部门组织相关专业人员对某项（如物料提升机、脚手架、电气设备、塔式起重机、压力容器、消防设施、危险物品、防尘防毒等）的安全问题或在施工生产中存在的普遍性安全问题进行单项检查，或者说是针对容易发生事故的设备、场所或操作工序进行专业检查。

专业性检查是根据上级部门的要求、生产中暴露出来的问题以及安全工作的安排而进行的。这类检查专业性强，也可以结合单项评比进行，检查时应有方案，有明确的检查重点和具体的检查手段和方法，并在发现问题后集中整改。参加专业安全检查的人员，应由专业技术人员、专职安全技术人员和有实际操作、维修能力的人员参加。

4. 季节性及节假日前后安全检查

季节性安全检查是由安全部门组织有关人员进行的由于气候特点（如冬季、夏季、雨季等）可能给安全生产造成的不利影响或危害的安全检查。

在节假日前后及期间，为了防止现场管理人员和作业人员纪律松懈、思想麻痹等情况的出现，必须做好节假日前后的安全检查。节假日加班，要重视对相关人员的安全教育和监督，同时要认真检查安全防范措施的落实情况。

5. 经常性安全检查

在施工过程中应经常进行预防性的安全检查,以便及时发现隐患、消除隐患,保证施工生产正常进行。各级管理人员在检查生产的同时进行安全检查,施工现场进行经常性安全检查的形式主要有:

(1)例行检查:现场专职安全生产人员每天例行开展的安全巡视、巡查。

(2)班中检查:包括企业领导、安全生产管理部门、班组领导、安全管理人员巡视或检查工程情况。检查中应制定检查路线、项目和相关标准,并设置专用的检查记录本。

(3)交接班检查:是指在交接班之前,岗位人员对作业环境、设备及系统安全运行状况进行检查,并将检查结果如实向接班人员交代清楚,做好可能发生问题的预防工作和相关应急措施的准备。

(4)特殊检查:即针对设备、系统可能存在的非正常情况及运行状况加强监督管理。该项检查由工程技术人员制定,由岗位作业人员执行。

(5)不定期安全检查:是指不在规定时间内、进行检查前不通知受检部门或单位而进行的突击检查,属于主管部门对下属单位或部门进行的抽查。不定期检查带有突击性,由上级部门组织进行,检查过程中可以发现受检查部门或单位安全生产的持续性程度,可以弥补定期检查过程中的不足。

三、安全检查的内容

1. 查思想

检查施工企业、项目部工作人员和施工现场作业人员的安全生产意识和对安全生产工作的重视程度。

2. 查制度

检查建筑企业的安全生产规章制度和安全技术操作规程的建立情况和执行情况,特别要重点检查各级领导和职能部门是否认真执行安全生产责任制。

3. 查组织

检查是否建立了安全生产领导小组,是否建立了安全生产保证体系,安全员是否严格按照规定配置。

4. 查措施

检查现场安全措施计划以及专项安全施工方案的编制、审核、审批及实施情况。重点检查方案内容的全面性、措施的具体情况及针对性，检查现场的实施运行与方案规定的内容是否相符。

5. 查隐患

检查劳动条件、安全设施、安全装置、机械设备、电气设备等是否符合安全生产要求；施工现场临边、洞口等安全防护设施是否到位；设备设施的安全装置是否齐全、灵敏、可靠；施工现场作业过程中有无违章指挥、违章作业、违反劳动纪律等行为发生；施工现场投入使用的设备设施的购置、租赁、安装、验收、使用、维护保养等各环节是否符合要求；施工现场劳动防护用品的购置、产品质量、配备数量和使用情况同安全与职业卫生的要求相比是否符合。

6. 查教育培训

检查建筑企业教育培训岗位人员和内容是否明确、具体且有针对性；检查三级安全教育制度的落实情况；检查特种作业人员上岗证的持有情况；检查教育培训档案资料的真实性。

7. 查事故处理

对安全事故是否按照"四不放过"的原则进行调查处理，是否有针对性地制定了纠正与预防措施，制定的纠正与预防措施是否落实并取得实效。

四、安全检查的方法

安全检查的方法一般有听、问、看、测、查、验、析等。

听：听汇报、听介绍、听反映、听意见，听取施工现场安全管理人员反映的各方面情况，了解现场安全工作经验、存在的问题及发展方向；听机械设备的运转声响等判断施工操作是否规范。

问：通过提问、询问，对施工现场管理人员和作业人员进行抽查，以便了解相关人员的安全意识和安全素质，对存在的问题追查原因。

看：查看施工现场安全管理资料、现场环境和作业条件。查看项目负责人、安全管理员、特种作业人员等上岗证的持有情况，劳动安全用品的使用情况，现场安全标志的设置情况，现场安全设施设备配置情况等。

测：使用专业仪器设备对特定对象关键因素的技术参数进行测试，如用漏电保护器测试仪测试漏电动作电流、漏电动作时间，使用经纬仪测试塔式起重机、外用电梯等的垂直度等；使用测量工具实测施工现场的设施、装置等，如现场安全防护栏杆的高度、脚手架杆件之间的间距、电器开关箱的安装高度等。

查：对施工现场存在的安全隐患问题进行原因调查，查明原因，追究责任。

验：对机械设备运转的可靠性或安全装置的灵敏度等进行试验、检验；对其他涉及安全的物、料进行必要的试验、检验。

析：根据得到的资料、实验结果等，分析原因、隐患。

五、安全检查评分标准

1. 安全检查评分方法

建筑施工安全检查评定应符合《建筑施工安全检查标准》JGJ 59-2011的有关规定，并应按标准进行评分。检查评分表分为安全管理、文明施工、脚手架、基坑工程、模板支架、高处作业、施工用电、物料提升机与施工升降机、塔式起重机与起重吊装、施工机具分项检查评分表和检查评分汇总表。建筑施工安全检查评定中，保证项目应全数检查。

各评分表的评分应符合下列规定：

（1）分项检查评分表和检查评分汇总表的满分分值均为100分，评分表的实际得分应为各检查项目所得分值之和。

（2）评分应采用扣减分值的方法，扣减分值总和不得超过该检查项目的满分值。

（3）分项检查评分表评分时，保证项目中有一项未得分或保证项目小计得分不足应得分的66.7%时，此分项检查评分表记零分。

（4）检查评分汇总表中各分项项目实得分值应按下式计算：

$$A_1 = \frac{B \times C}{100}$$

式中　A_1——汇总表各分项项目实得分值；

　　　B——汇总表中该项满分值；

　　　C——该项检查评分表实得分值。

（5）当评分遇有缺项时，分项检查评分表或检查评分汇总表的总得分值应按下式计算：

$$A_2 = \frac{D}{E} \times 100$$

式中　　A_2——遇有缺项时的总得分值；

　　　　D——实查项目在该表的实得分值之和；

　　　　E——实查项目在该表的满分值之和。

（6）脚手架、物料提升机与施工升降机、塔式起重机与起重吊装项目的实得分值，应为所对应专业的分项检查评分表实得分值的算术平均值。

2. 检查评定等级、分类及标准

应按汇总表的总得分和分项检查评分表的得分，将建筑施工安全检查评定划分为优良、合格、不合格三个等级。

建筑施工安全检查评定的等级划分应符合下列规定：

优良：分项检查评分表无零分，汇总表得分为 80 分及以上。

合格：分项检查评分表无零分，汇总表得分为 80 分以下，70 分以上，包括 70 分。

不合格：汇总表得分不足 70 分或有分项检查评分表得零分。

建筑施工安全检查评定等级为不合格时，必须限期整改达到合格。

【案例导入】

案例一：某工程安全检查评分

某工程安全检查评分的具体情况如下：

①该工程土方与基坑施工部分已完工。

②该工程"安全管理检查评分表""文明施工检查评分表""模板支架检查评分表""高处作业检查评分表"等分表检查实际得分分别为 81 分、86 分、78 分和 82 分。

③该工程使用了多种脚手架，落地式钢管脚手架实际得分为 82 分，悬挑式脚手架实际得分为 79 分，高空作业吊篮实际得分为 76 分。

④该工程"施工用电检查评分表"中保证项目"外电防护"缺项，该项应得分为 10 分，其余保证项目得分为 38 分，一般项目得分为 30 分。

⑤该工程无起重吊装、物料提升机和施工升降机,"塔式起重机检查评分表"实际得分为 85 分。

⑥"施工机具检查评分表"中缺项为 42 分,其他各项检查实际得分为 48 分。

根据以上材料,试计算各分项检查分值,填入检查评分汇总表;计算本工程总分,并进行评价。

案例分析:

该工程"安全管理检查评分表""文明施工检查评分表""模板支架检查评分表""高处作业检查评分表""塔式起重机检查评分表"换算到汇总表中得分分别为:

安全管理 $(81 \times 10) \div 100 = 8.1$ 分　　文明施工 $(86 \times 15) \div 100 = 12.9$ 分

模板支架 $(78 \times 10) \div 100 = 7.8$ 分　　高处作业 $(82 \times 10) \div 100 = 8.2$ 分

塔式起重机与起重吊装 $(85 \times 10) \div 100 = 8.5$ 分

该工程有多种脚手架,得分取各种脚手架检查评分表的平均值,即 $(82 + 79 + 76) \div 3 = 79$ 分,换算到汇总表中为: $(79 \times 10) \div 100 = 7.9$ 分

该工程施工用电保证项目缺项为 10 分,保证项目实得分与应得分之比为 $38 : (60 - 10) = 76\% > 66.7\%$,则施工用电实得分为: $(38 + 30) \times 100 \div (100 - 10) = 75.6$ 分,换算到汇总表中为: $(76 \times 10) \div 100 = 7.6$ 分。

该工程施工机具缺项为 42 分,其实得分为: $48 \times 100 \div (100 - 42) = 82.8$ 分,换算到汇总表中为: $(82.8 \times 5) \div 100 = 4.14$ 分。

总计得分(满分100分)	项目名称及分值									
	安全管理(10分)	文明施工(15分)	脚手架(10分)	基坑工程(10分)	模板工程(10分)	高处作业(10分)	施工用电(10分)	物料提升机与施工升降机(10分)	塔式起重机与起重吊装(10分)	施工机具(5分)
65.1	8.1	12.9	7.9	缺项	7.8	8.2	7.6	缺项	8.5	4.14

本工程总分为: $65.1 \times 100 \div (100 - 20) = 81.375$ 分,故本工程安全检查评定为"优良"。

案例二：某项目施工现场安全检查记录表

工程名称：		
施工部位：管道工程	检查日期：	年 月 日

存在的问题：
  1. 文明施工较差，场地硬化没到位；场地积水较多，排放不及时；个别施工员不戴安全帽；场地器材、设备堆放杂乱无章。
  2. 泥浆池维护不完善，少数泥浆池围护不严密，泥浆排放不及时，有外泄。
  3. 现场临时用电不规范，电线随地乱拉，未采取架空措施，部分电缆老化，有破皮现象，现场照明设备不完善。
  4. 现场配电箱的防雨措施不到位，配电箱没有上锁。
  5. 临时宿舍生活用电不规范，电线、插线板随意乱拉乱接，现场消防器材没有按照要求配备。
  6. 部分安全网未挂，安全警示标识牌未挂。

处理情况：
  针对以上检查出来的安全问题，要求施工单位加强安全教育，完善安全制度，落实好安全责任制度，并要求施工单位在3天内完成整改。

复查结果：

复查人员：
时   间：

参加检查人员：

案例分析：

该表记录了检查中发现的管道施工存在的各种问题，但是没有记录哪些方面符合要求，会被误以为只检查了临时用电、文明施工和"三宝"使用等内容。其实检查中可能还有其他内容，只是没有发现问题，因此没有相关记载，但却容易使人产生误解。

案例三：某项目安全员日安全检查记录

某项目安全员日安全检查记录

施工现场名称：××安置房项目部　项目经理：蒋××　日期：××××年××月××日

检查部位（内容）	施工现场原有三层建筑物拆除	天气情况	晴，风力2~3级

检查情况记录：
  现场原有的三层建筑物今日开始拆除，经现场检查，情况如下：
  1. 拆除工程的承包单位有相应的施工资质，在有效期限内，无非法分包现象；已经签订了拆除工程施工合同及安全管理协议书；已在建设行政主管部门进行了备案。
  2. 拆除工程的现场负责人、总指挥、专职安全员均已落实并进入工作岗位；专职安全员持证上岗。
  3. 拆除工程的施工单位已全面了解了拆除工程的图纸和资料；针对现场实际情况编制了拆除安全专项方案和生产安全事故应急救援预案，审核、批准程序与手续齐全有效。

4.经抽检，施工现场人员佩戴的安全帽、安全带均符合规范要求，未发现违章使用；劳动防护用品配备齐全，使用安全有效。

5.拆除作业区域采取了安全隔离措施，有专人监控，并设置了醒目的安全标志；制定了相应的消防措施，配备了足够的灭火器材，消防通道畅通无阻。

6.施工单位已给从事拆除作业的人员办理了意外伤害保险，签订了劳动合同，进行了安全培训，考试合格后才上岗作业，特种作业人员均持证上岗，劳务用工合同及安全管理协议书已经签订，作业人员接受了书面的安全技术交底。

7.机械设备进场进行了安全验收，并办理了验收合格手续，司机持证上岗；签订了机械租赁合同及安全管理协议。

8.拆除施工采用的脚手架、安全网由专业人员搭设，符合设计方案要求，且已经验收合格；现场有防火安全责任制，建立了义务消防组织，有专人负责。

9.拆除施工中，按照施工组织设计选定的机械设备及吊装方案进行施工，无超载作业和任意扩大使用范围的现象。作业中未发现机械同时回转、行走现象；现场指挥和安全监控人员旁站在作业工作面上，未发现"三违"现象。

10.现场配电箱、配电系统的设置和用电设备线路敷设符合《施工现场临时用电安全技术规范》JGJ 46-2005 的有关要求，且经共同验收合格后方才投入使用。

11.现场渣土及时进行了清运，清运渣土的车辆进行了覆盖，符合文明施工管理的要求。

12.拆除作业属危险作业范畴，应做重点监督和连续旁站监控，这应是近几日项目安全员工作的重点。

接受单位负责人：   检查人（项目安全员）：赵××

【学习思考】

1.安全检查的内容主要有（   ）。

  A.查思想、查制度   B.查机械设备、查操作行为

  C.查安全设施、查安全教育培训   D.查证书资质、查安全标志

  E.查劳保用品使用、查伤亡事故的处理

2.安全检查等级划分为（   ）几个等级。

  A.合格、不合格   B.优良、合格、不合格

  C.优秀、良好、合格、不合格   D.优秀、良好、中、合格、不合格

3.某工程施工用电检查中，保证项目"外电防护"缺项（该项应得分10分），其他保证项目得分为32分，问该分项检查表是否能得分？该工程安全检查评定结果是什么？

4.某项目部编制了《安全生产管理措施》，其中规定：建筑工程施工安全检查的主要形式为日常巡查、专项检查、定期安全检查。你认为该项目部安全检查的形式齐全吗？如不齐全，还应包括哪些？

5. 某工程安全检查评分汇总表如下所示，表中已有部分数据。

总计得分（满分100分）	项目名称及分值									
	安全管理（10分）	文明施工（15分）	脚手架（10分）	基坑工程（10分）	模板工程（10分）	高处作业（10分）	施工用电（10分）	物料提升机与施工升降机（10分）	塔式起重机与起重吊装（10分）	施工机具（5分）
				8.2			8.2	8.5	8.2	

①该工程"安全管理检查评分表""模板工程检查评分表""高处作业检查评分表""施工机具检查评分表"等分表检查实际得分分别为81分、86分、79分和82分。

②"文明施工检查评分表"中"现场住宿"这一保证项目缺项（该项目应得分为10分，其他保证项目总得分为32分），取消各项检查实际得分70分。

③该工程使用了多种脚手架，落地式钢管脚手架实际得分为82分，悬挑式脚手架实际得分为80分，高空作业吊篮实际得分为76分。

根据以上材料计算本工程安全检查总得分，并进行评价。

6. 某工程安全检查结果如下：

①安全管理：保证项目得50分，一般项目得40分；②文明施工：保证项目得38分，一般项目得36分；③脚手架：保证项目得50分，一般项目得40分；④模板工程：保证项目得45分，一般项目得35分；⑤"三宝""四口"防护：扣20分；⑥施工用电：保证项目得45分，一般项目得35分；⑦物料提升机：保证项目得45分，一般项目得35分；⑧施工机具：得80分。现场正在进行主体结构施工，无塔式起重机、起重吊装。

①文明施工分项实得分为（　　）。

A. 0分　　　　　　　　　　　B. 74分

C. 80分　　　　　　　　　　　D. 90分

②施工机具分项在汇总表中得分为（　　）。

A. 8分　　　　　　　　　　　B. 80分

C. 4分　　　　　　　　　　　D. 0分

③安全等级为（　　　）。

A. 优良　　　　　　　　　　　　B. 合格

C. 不合格　　　　　　　　　　　D. 基本合格

7. 2020 年 8 月 10 日，某施工单位在某住宅小区 18 号楼工程施工中，使用一台自升式塔式起重机（行走时起升高度 49.4m，最大幅度为 45m）进行吊装作业。由于违反起重吊装作业的安全规定，严重超载，造成变幅小车失控，塔身整体失控倾斜倒塌，将在该楼 10 层作业的 2 名工人砸死，起重机司机受重伤，直接经济损失 50 余万元。经事故调查，在吊装作业中，作业人员严重违反关于起重吊装"十不吊"的规定，超载运行。在施工中未认真贯彻执行安全生产法规，对施工现场监督检查不力，特别是对职工安全生产意识和遵纪守法的教育工作不落实，形成了事故隐患和违章行为长期得不到解决和制止的现状，最终导致事故发生。

问题：①简要分析造成这起事故的原因；②施工现场安全检查有哪些主要形式？

8. 某建筑公司承建了滨海市朝阳区某商务大厦工程。2019 年 9 月 9 日，在 7 层承重平台上进行倒料作业时，由于码放的物料严重超过平台的允许承载能力，拉接承重钢丝绳的工字钢自焊接处断裂，平台失稳坠落，造成平台上 5 名作业人员随平台坠落至地面（落差 21.5m），其中 2 人死亡、3 人受伤。经事故调查，该承重平台在安装中不符合设计要求，由于使用的承重工字钢长度不够，在加长焊接过程中，焊接质量低劣，夹渣、不实，没有加强板，因而不能满足设计的荷载要求；保险绳设置不合理，固定吊点与承重绳吊点设置在同一位置上，当承重绳断裂时保险绳不能起到保险作用；平台上未设置限载标志，在平台检查验收工作上，存在漏洞，未发现平台隐患。根据调查结果，反映出该单位在安全管理、技术检测、监督检查、安全培训等方面都存在着不同程度的问题。

根据以上材料，回答以下问题：①简要分析造成这起事故的原因；②施工项目的安全检查应由谁组织？安全检查的主要内容有哪些？

码 3-2　单元 3.1
学习思考参考答案

【实践活动】

做一项社会调查：以小组形式走访多个施工现场，考察各施工现场安全检查的落实情况，并了解各现场主要安全检查的形式和内容，撰写调查报告，形式不限。

码 3-3　单元 3.2 导学

单元 3.2　劳动防护用品

通过本单元的学习，学生能够：充分认识正确佩戴和使用劳动防护用品的重要性，掌握劳动防护用品的佩戴和使用方法，熟悉劳动防护用品的管理，并能判断防护用品与劳保用品的符合性。

图 3-5 ～ 图 3-8 展示了在施工现场内我们必须做到的基本自我保护——正确佩戴和使用安全防护用品，如安全帽、安全带、安全网等。劳动防护用品供作业人员个人随身使用，是保护作业人员不受职业危害的一道防线。当相应劳动安全卫生技术措施尚无法消除施工过程中的有害因素及危险，施工环境等不满足国家标准、行业标准及有关规定，使用劳动防护用品是既能保证顺利完成施工任务，又能保障作业人员的安全与健康的重要手段。

图 3-5　正确佩戴和使用防护用品

图 3-6　安全网使用

图 3-7　高处作业佩戴安全带　　　　图 3-8　坠落时安全带保证安全

一、劳动防护用品简介

劳动防护用品，指能使作业人员在作业过程中免遭或者减轻外界因素造成的事故伤害及职业危害的各种物品的总称。它是保护作业人员不受职业危害的一道防线，其质量直接关系到作业人员的安全与健康，必须符合国家标准、行业标准或地方标准的有关规定，并应具备生产许可证、产品合格证和安全鉴定证等。

劳动防护用品有一般劳动防护用品和特种劳动防护用品两大类，一般按用途可以分为：

（1）防止伤亡事故的安全护品

其主要包括：防坠落用品（安全带、安全网等）、防冲击用品（安全帽、防冲击护目镜等）、防触电用品（绝缘鞋、绝缘服等）、防机械外伤用品（防刺伤、割伤、绞碾、磨损用的防护服、防护鞋及防护手套）、防酸碱用品（耐酸碱手套等）、耐油用品（耐油防护服等）、防水用品（胶制工作服、雨披、雨靴等）、防寒用品（防寒服、手套等）。

（2）预防职业病的劳动卫生护品

其主要包括：防尘用品（防尘口罩、防尘服等）、防毒用品（防毒面具等）、防放射性用品（防放射服、防放射眼镜等）、防热辐射用品（隔热防火服、电焊手套、防辐射隔热面罩等）、防噪声用品（耳塞、耳罩等）。

二、劳动防护用品采购、配备、使用与管理规定

为加强和规范劳动防护用品的监督管理，保障职工安全和健康，保护劳

动者在施工过程中免遭或尽可能减轻事故伤害和职业危害，必须规范劳动防护用品的管理。

1. 劳动防护用品的采购、贮存和出入库

建筑施工企业应有专门部门负责劳动防护用品的采购和贮存，必须采购按照国家标准或行业标准生产的劳动防护用品，确保其质量和性能，且必须具有"三证"。

应设立专用的仓库贮存劳动防护用品。劳动防护用品的保管、出入库和日常管理工作由各仓库具体负责，保证劳动防护用品贮存安全，防止腐烂变质，如发生库存不足、品种不全等情况，要及时报告相关部门安排采购。

2. 劳动防护用品发放

建筑施工企业应建立和健全职工劳动防护用品发放登记制度，及时记录发放劳动防护用品情况和办理调转手续，并定时对各工种岗位劳动防护用品的种类和使用期限进行核对。劳保管理员在发放劳动防护用品时，要向领用人说明正确使用方法，提醒领用人自觉进行劳动防护用品的保养。

3. 劳动防护用品的使用

建筑施工企业必须组织员工的安全教育培训，帮助员工提高自我保护意识，要求员工正确使用劳动防护用品，特别是对新员工必须做好如何正确佩戴和使用劳动防护用品的教育，确保员工充分了解劳动防护用品的型号、功能、适用范围，掌握使用方法。

所有员工在工作时必须严格按照相关规定正确使用劳动防护用品。使用前须认真检查，确认劳动防护用品是否完好、可靠、有效，严禁误用或使用不符合安全要求的护具出现。禁止使用任何不合格的劳动防护用品。

劳动防护用品应妥善保管，不得拆改，并应保持防护用品的整洁、完好，起到有效的保护作用，如有缺损应及时处理。

建筑施工企业应对施工现场劳动防护用品的使用情况随时进行检查，发现有员工不正确佩戴和使用的，必须及时予以批评教育并责令改正。

4. 劳动防护用品的保养和检测

劳动防护用品应指定专人进行保管和定期保养，保证劳动防护用品始终处于良好状况。

质量技术监督部门和安监部门应对劳动防护用品进行例行质量检测，建筑施工企业每隔一段时间也应做好劳动防护用品的自我检测，确保劳动防护用品质量稳定、可靠。

三、"安全三宝"的使用要求

所谓"安全三宝"，是指建筑施工现场经常用到的安全帽、安全带和安全网。正确使用"安全三宝"可以避免不安全因素造成的不必要的人身伤亡。

图 3-9　安全帽

1. 安全帽的使用

安全帽（图 3-9）用以保护使用者的头部，由帽壳、帽衬、下颌带三部分组成。对于新领的安全帽，要检查生产许可证、产品合格证等是否齐全，安全帽是否破损、薄厚不均，缓冲层、调整带及弹性带是否齐全有效，如不符合规定应立即更换。

任何人员进入施工现场必须正确佩戴安全帽。安全帽不得歪戴、反戴，否则对于冲击的防护作用会大大降低。安全帽的下颌带必须扣在颌下并且要系牢，松紧要适度，这样在遇到大风或碰到其他障碍物时才不会掉落。

安全帽在长时间使用过程中会逐渐损坏，所以要定期对安全帽进行检查，检查是否有龟裂、下凹、裂痕和磨损等情况发生，如发现异常现象应立即更换，不得继续使用。只要遭受过重击、有裂痕的安全帽，不论有无损坏现象，均予以报废。

制作安全帽的材料大部分是高密度低压聚乙烯塑料，具有硬化和变脆的性质，所以不得将安全帽长时间置于阳光下曝晒。

安全帽在使用时应保持整洁，不得接触火源，不得任意涂刷油漆。如果安全帽丢失或损坏，必须立即补发或更换。

2. 安全带的使用

为了防止作业者在一定高度和位置上可能出现的坠落，在进行高处作业时，作业者必须系好安全带。

安全带（图 3-10）在使用时必须拴挂在牢固的物体（或构件）上，应防

图 3-10　安全带

止摆动或碰撞，绳子不能打结，钩子必须挂在连接环上。禁止把安全带挂在可移动或带尖锐棱角的物件上。如安全带无固定可挂处，应采用适当强度的钢丝绳代替绳带或采取其他方法。

使用安全带之前应先检查绳带是否牢固、卡环是否产生裂纹、卡簧弹跳性是否良好等。为防止安全带绳被磨损，绳保护套必须保持完好，若发现保护套损坏或脱落，必须加上新套后才能使用。

安全带应高挂低用，这样可以使发生坠落时的实际冲击距离减小，禁止低挂高用。安全带不得擅自接长使用，各部件不得任意拆除。如使用 3m 及以上的长绳时必须添加缓冲器。

安全带在使用后，要做好维护和保管工作。经常检查安全带缝制部分、挂钩部分及捻线是否发生裂断和残损等。频繁使用的安全带应经常进行最基本的外观检查，发现异常应立即更换。

安全带要避免接触高温、明火、强酸、强碱或尖锐物体，不得存放在潮湿的仓库中。

安全带使用期一般为 5 年，发现异常应提前报废。使用 2 年后应按批量购入情况进行一次抽检，以 80kg 质量做自由坠落试验，不破断为合格。定期或抽样检查过程中试验的安全带，不准继续使用。

3. 安全网的使用

施工过程中，很多地方都需要设置安全网（图 3-11），以防止事故发生。安全网在使用和维护过程中需要满足以下要求：

新网必须要有产品质量合格证明，旧网必须要有允许使用的证明书或合格的检验证明。

安全网安装时，每个系结点上，边绳应与支撑物或支撑架靠紧，并用独立的细绳连接，系结点沿网边应均匀分布，其距离不大于 750mm。系结点应方便打结、连接牢固，而且要容易解开，受力后又不会散落。安装有筋绳的

图 3-11 安全网

网时，必须把筋绳连接在支撑物（架）上。

多张网连接在一起使用时，相邻部分应重叠或靠紧，连接绳使用的材料应与网相同，强度不得低于网绳。

安装平网时，负载高度（两层平网之间的距离）不允许超过 10m；缓冲距离（网的底部距下方物体的表面距离）3m 宽的水平安全网不得小于 3m、6m 宽的水平安全网不得小于 5m，且下方不得堆放物品。应经常清理网上的坠落物，网上不得有堆积物。

电梯井、采光井、螺旋式楼梯口，不仅必须设防护门（栏），而且还应在井口内首层固定一道安全网且每隔两层固定一道；烟囱、水塔等独立体建筑物施工时，须在里、外脚手架外围固定一道宽 6m 的双层安全网，井内还应设一道安全网。

安装里网时，安装平面应与水平面保持垂直，立网底部必须与脚手架全部系牢并封严；须保证安全网受力均匀。

安全网安装完成后，必须由专人检查验收，验收合格并签字后方可使用。拆除安全网必须在有经验人员的严密监督下进行。拆网应自上而下，同时应做好各项防坠落措施。

四、其他劳动防护用品的使用要求

在施工过程中需要用到的劳动防护用品，除了"安全三宝"以外，还有很多种，常用的有以下几类：

1. 防护服

建筑施工现场的相关作业人员应穿着防护服工作。防护服主要有全身防护型工作服，防毒、防射线工作服，耐火、耐酸、隔热工作服，通气、通水冷却工作服，劳动防护雨衣，普通工作服等。

在建筑施工现场，对作业人员防护服的穿着要求如下：

（1）作业人员在作业时必须穿着工作服；

（2）作业人员在操作转动机械时，袖口必须扎紧；

（3）从事特殊作业的作业人员必须穿着相应的特殊作业防护服；

（4）焊工防护服应由白色帆布制作。

2. 防护眼镜

施工现场存在很多会对眼睛造成伤害的物质，如颗粒和碎屑、火花和热流、耀眼的光线和烟雾等。所以，作业人员作业时就必须根据防护对象选择和使用防护眼镜。

（1）防打击的护目眼镜

防打击的护目眼镜主要有三种，即硬质玻璃片护目镜、胶质粘合玻璃护目镜（镜片受冲击、击打破碎时呈龟裂状，不会飞溅)、钢丝网护目镜。这三款眼镜属于平光护目镜，能防止金属碎片或碎屑、混凝土屑、沙尘、石屑等飞溅物对眼部的打击。混凝土凿毛、金属切削、手提砂轮机等作业适合佩戴此类护目镜。

（2）防辐射面罩

焊接作业时，就必须使用防辐射面罩。面罩应由不导电材料制作，观察窗、滤光片、保护片等尺寸必须吻合，不得有缝隙。

（3）防有害液体的护目镜

防有害液体的护目镜主要是防止酸、碱等液体或其他危险注入体或化学药品飞溅对眼睛所造成的伤害。此类护目镜的镜片用普通玻璃制作，镜架用非金属耐腐蚀材料制作。

（4）铅制玻璃片护目镜

铅制玻璃片护目镜是在镜片玻璃中加入一定量的金属铅面制成，用于防止X射线对眼部的伤害。

（5）具有防灰尘、烟雾及各种有轻微毒性或刺激性的有毒气体等功能的防护镜此类防护镜必须密封、遮边、无通风孔，与面部严密接触，镜架材料要耐酸、耐碱。

3. 防护鞋

防护鞋的种类比较多，应根据作业场所和内容的不同选择使用不同种类的防护鞋。施工过程中，常用的防护鞋主要有绝缘鞋、耐酸碱橡胶靴、焊接防护鞋等。对绝缘鞋的使用要求如下：

（1）绝缘鞋必须在规定电压范围内使用；

（2）绝缘鞋（靴）胶料部分不得有破损，每半年应做 1 次预防性试验；

（3）绝缘鞋不得在浸水、油、酸、碱等条件下作为辅助安全用具使用。

4. 防护手套

防护手套的材料并不是完全统一的，根据不同的工件、设备及作业情况等，选择适当材料、制作操作方便的手套，才能起到相应的保护作用。

施工过程中常用的防护手套主要有下列几种：

（1）劳动保护手套

作业人员工作时使用最多的手套，具有保护手和手臂的功能。

（2）绝缘手套

作业人员在带电作业时使用绝缘手套，根据电压的大小选择适当的手套，使用之前应检查表面有无裂痕、发脆、发黏等缺陷，如有缺陷不得使用。

（3）耐酸、耐碱手套

耐酸、耐碱手套主要用于防止作业人员接触酸和碱时受到伤害。

（4）焊工手套

焊工手套是作业人员在电焊作业时佩戴的防护手套。使用之前应检查皮革或帆布表面有无洞眼、僵硬等残缺现象，如有缺陷，不准使用。手套应有足够的长度，确保手腕部不会裸露在外边。

五、常用劳动防护用品的检验方法

常用的劳动防护用品必须认真进行检查、试验。

劳动防护用品进场时应检查产品单位是否有"生产许可证"、产品是否有规范的"产品合格证书"、产品是否有相应的"安全鉴定证"。

检查外观，看外观是否有缺陷或损害，查看防护用品是否超过使用年限，检查防护用品部件组装是否严密。通过外观检查，确认防护用品对危险有害因素能够起到有效的防护作用。

通过试验确定劳动防护用品的安全性能。

（1）安全帽

每年需进行一次试验。试验时用木头做一个半圆形的人头模型，将试验用的安全帽系好内缓冲弹性带放在模型上。用一颗质量3kg的钢球，从5m高处自由落体坠落冲击安全帽，如不被破坏，则安全帽合格。

（2）安全带

对新购置的安全带使用两年后进行抽检，旧安全带每6个月抽检1次。根据国家规定，取质量120kg的物体，从2～2.8m高的架上对安全带进行冲击，冲击后安全带各部件均无损坏，则为合格。

需要注意的是，凡是做过试验的劳动防护用品，不准在施工过程中使用。

【案例导入】

案例一：某施工现场安全帽质量检测记录

施工现场名称：×× 安置房项目部　　　　　　　　　　　　　　项目经理：蒋 ××

防护产品名称	安全帽	生产厂家		检测日期	年　月　日
检查项目	质量检测记录				
资格审查	查物资采购记录，安全帽生产厂家为××，其为国家许可的防护用品生产厂家，有合格证、检测报告及建筑安全监督部门颁发的准用证				
质量标准	帽壳采用半球形，表面光滑，易于滑走落物。前部的帽舌尺寸为10～55mm，其余部分的帽檐尺寸为10～35mm；帽衬顶端至帽壳顶内面的垂直距离20～25mm，帽衬至帽壳内侧面的水平间距为5～20mm；安全帽在保证承受冲击力的前提下，质量未超过400g，符合《头部防护 安全帽》GB 2811-2019 的要求				
试验	用5kg重锤自1m高度落下进行冲击试验，头模所受冲击力的最大值未超过4.9kN；耐穿透性能用3kg钢锥自1m高度落下进行试验，钢锥没有与头模接触，符合《安全帽测试方法》GB/T 2812-2006 的要求				
标志和包装	每顶安全帽上有：制造厂名称、商标、型号；制造年、月；许可证编号。每顶安全帽出厂时，有检验部门批量验证的工厂检验合格证				
检测结论	现场使用的安全帽质量符合相关标准及有关安全技术规范规定，验收合格 检测人员签字：赵 ××				

案例二：某施工现场安全带验收记录

施工现场名称：×× 安置房项目部 项目经理：蒋××

防护产品名称	安全带	生产厂家		验收日期	年　月　日
检查项目	验收记录	参加验收人员			
资格审查	检查物资记录，安全带生产厂家为国家许可的防护产品生产厂家，有合格证、检测报告及建筑安全监督管理部门颁发的准用证				
现场抽查	从现场使用安全带的人员中随机抽查 2 人，其使用的安全带均为物资采购记录中的生产厂家，质量符合《安全带》GB 6095-2009，且满足规定使用年限				
使用检查	从现场使用安全带的人员中随机抽查 2 人，查看安全带的使用均符合有关规定				
验收结论	现场使用的安全带符合相关标准及有关安全技术规范规定，验收合格 检测人员签字：赵××				

案例三：某施工现场安全网（挂设）验收记录

施工现场名称：×× 安置房项目部 项目经理：蒋××

架体高度（m）		挂设部位	外脚手架	挂设形式	全封闭
验收日期		参加验收人员			
检查项目		验收记录			
资格审查	安全网有合格证、检测报告，生产厂家有生产许可证及建筑安全监督管理部门颁发的准用证。满足《安全网》GB 5725-2009 规定的使用年限				
现场抽查	1. 脚手架全部用密目式安全网全封闭，查看安全网产品标签，生产厂家和资料中一致，安全网挂设在外脚手架内侧，并与大横杆绑扎牢固，无漏绑、无缝隙 2. 脚手架内侧距建筑物 20cm，架体首层及首层至施工层每隔 10m 设一道平网，和架体大横杆绑扎牢固，无漏绑、无缝隙				
验收结论	安全网及安全网挂设均符合相关标准及有关安全技术规范规定，验收合格 检测人员签字：赵××				

案例四：某企业防护用品管理制度

为了贯彻落实防护用品管理工作的制度化、标准化、规范化管理的要求，根据防护用品管理的具体情况，制定本制度。

第一条　防护用品使用管理的主要工作是：准确及时地编制防护用品供应计划，抓好防护用品供应过程、保管过程和使用过程中的管理，不搞超长储备，加快资金循环，提高经济效益。

第二条　材料管理系统负责具体管理，安全管理系统负责监督检查。认真贯彻执行国家有关防护用品保管工作的方针、政策和上级颁发的规章制度，指导和监督管理人员的各项工作。

第三条　对进入施工现场的安全防护用品及电气产品，必须有《生产许可证》《出厂合格证》及省（市、县）安全管理部门颁发的《产品准用证》。"三证"不齐全的安全防护用品及电气产品，不得用于施工生产中。同时，必须对施工生产过程使用的安全防护用品及电气产品进行定期抽查，发现隐患或不符合要求的要立即停止使用，并送当地安全检测部门进行检测。否则，对于由此造成伤亡事故的要追究相关领导和当事人的责任。

第四条　做好防护用品资金管理、采购计划对比的成本核算工作，保质、保量、按期组织货源，注意点滴节约，提高经济效益，确保施工生产的需要。

第五条　组织好保管员的业务学习和培训，提高工作人员的业务水平和工作素质，并持证上岗。

第六条　防护用品库内布局合理，储运方便，符合防火和安全的要求，要分类存放，上盖下垫，防止腐烂、锈蚀，要干净、井然有序。设有标志牌，要做到"四定位"，即"定库号、定架号、定层号、定位号"，码放整齐，标志明显。

第七条　仓库管理要做到：管理科学化、摆放规格化、保养经常化、整洁卫生化、库内货架摆放整齐、标志明显；建立物资动态明细台账、物资入库验收制度、出库审批登记制度和定期消防安全检查制度等，并严格执行。

第八条　本制度自发布之日起实施。

【学习思考】

1.对特定工种的劳动防护用品发放和使用规定，叙述正确的是（　　）。

 A.对于生产中必不可少的安全帽、安全带、绝缘用品必须根据工种的要求配备齐全，并保证质量

 B.对特种防护用品建立定期检验制度，不合格的、失效的一律不准使用

 C.劳动防护用品可折算成人民币发放

D. 劳动防护用品可视个人需要转卖

2. 下列关于劳动防护用品使用说法错误的是（　　　）。

A. 员工必须按要求妥善保管和正确使用，确保防护性能完好

B. 从事多种作业的工人，按主要工作岗位发给劳动防护用品

C. 劳动防护用品必须按时足额发放，不得以任何名义克扣

D. 劳动防护用品可以按员工自身需求佩戴

3. 安全帽应保证人的头部和帽体内顶部的空间至少有（　　　）mm 才能使用。

A. 20　　　　　　　　　B. 25　　　　　　　　　C. 32

4. 下列劳动防护用品中不属于"安全三宝"的是（　　　）。

A. 安全帽　　　　　　　　　　　B. 安全网

C. 安全带　　　　　　　　　　　D. 防护服

5. 正确使用安全带，要求不准将安全绳打结使用、要把安全带挂在牢靠处和应（　　　）。

A. 挂在与腰部同高处　　　　B. 低挂高用　　　　C. 高挂低用

6. 直接从事带电作业时，必须（　　　）防止发生触电。

A. 有人监护　　　B. 穿绝缘鞋、戴绝缘手套　　　C. 戴绝缘手套

7. 工作中（　　　）属于不安全行为。

A. 错误操作使安全装置失效　　　B. 使用不安全设备、用手代替工具

C. 冒险进入危险场地　　　D. 不按规定佩戴劳动防护用品

【实践活动】

观看安全帽、安全带检验的相关视频，并在条件允许的前提下，分小组进行安全帽和安全带的质量检验试验。

（1）安全帽：准备一顶旧安全帽，将试验用的安全帽戴在半圆形的人头模型上，系好内缓冲弹性带放在模型上。用一颗质量 3kg 的钢球，从 5m 高处自由落体坠落冲击安全帽，观察安全帽是否破坏，并根据试验结果判断安全帽是否合格，如无破坏则为合格。

（2）安全带：准备一副安全带，检查安全带是否合格。将安全带挂在 2 ～

2.8m 高架上，取质量 120kg 的物体，对安全带进行冲击，冲击结束后，检查安全带各部件的损坏情况，并根据试验结果判断安全带是否合格，如各部件均无损坏，则为合格。

码 3-4　单元 3.2
学习思考参考答案

码 3-5　单元 3.3
导学

单元 3.3　安全教育培训

通过本单元的学习，学生能够：了解安全教育与培训的重要性，掌握安全教育与培训的内容、主要形式和方法，协助组织实施项目作业人员的安全教育。

图 3-12 ～ 图 3-15 为在施工过程中必不可少的安全教育活动。

图 3-12　班组上岗前安全教育

图 3-13　企业组织的安全培训班

图 3-14　三级安全教育

图 3-15　现场安全教育培训班

所谓安全教育，是指建筑企业为了提高从业人员安全技术水平及事故防范能力等而进行的教育培训工作。安全教育是建筑企业安全管理的重要内容，可以提高全体职工的安全意识，提高从业人员的安全操作技能和安全管理水平，尽可能减少人身伤亡事故的发生。安全教育培训与消除安全隐患、创造良好的作业环境相辅相成。

一、安全教育的目的、意义

安全事故发生的原因很复杂，但大致可归结为两类：一是直接原因，如从业人员文化水平低、流动性大、施工环境复杂等；二是间接原因，如安全管理和安全教育存在不足，很多安全教育仅限于形式，从而导致从业人员对违章操作等认识不足，甚至都不知道自己的行为属于违章操作，不清楚作业环境中是否存在不安全因素。间接原因是发生事故的根本原因，所以必须加强安全管理和安全教育，这是实现安全生产的根本措施。安全教育的目的、意义是：

（1）宣传贯彻执行安全生产方针、政策及相关法律法规。

（2）提高施工现场从业人员的安全意识。

没有安全意识，就无法保证安全生产。通过安全教育，可以大大提高施工现场从业人员对安全生产的重视程度，最终减少安全事故的发生。

（3）增强施工现场从业人员的安全知识。

没有安全知识，就无法实现安全生产。通过安全教育，可以提高施工现场从业人员相关的安全知识，了解施工现场可能出现的事故预测和防范等相关知识，做到预防在先。

（4）提高施工现场从业人员的安全技能。

没有安全技能，就无法保障安全生产。通过安全教育，可以提高施工现场从业人员的安全技能，实现正确操作，避免盲目蛮干，降低安全事故的发生率。

二、安全教育的内容

1. 安全法制教育

建筑施工企业应对作业人员进行安全生产、劳动保护等方面的法律法规宣传，充分认识安全生产的重要性，明确遵章守法是每个作业人员的职责，而违章作业要承担相应的后果和法律。

2. 安全思想教育

安全思想教育要从安全生产的意义、安全意识教育、劳动纪律教育三个方面进行。通过安全思想教育，提高施工现场作业人员对安全生产重要性和意义的认识，提高安全意识，形成安全生产人人有责的氛围。

各级安全管理人员要加强对施工现场作业人员的安全思想教育，要从关心、爱护、保护员工的生命和健康出发，重视安全生产，不违规指挥。作业人员应加强自我保护意识，作业过程中应做到相互关心、相互帮助、相互监督，一起遵守安全生产的各项规章制度，不违章操作。

3. 安全知识教育

安全知识教育的内容有：施工过程中存在的危险区域以及相应的安全防护，施工设备的相关安全常识，电气设备、车辆运输的安全常识，高处作业安全知识，施工过程中可能存在的有毒有害物质的辨识及其防护，防火安全一般要求和消防器材的使用方法，特殊专业施工的安全防护，劳动防护用品的正确穿戴及使用常识，员工伤亡事故简易施救方法及事故发生后事故现场的保护和报告程序等。

4. 安全技能教育

安全技能教育是在安全知识教育的基础上进行的安全操作技术教育，侧重教育作业人员掌握安全操作技术方面的内容，结合本工种的特点和要求，培养作业人员的安全操作能力。安全技术教育主要包括安全技术、安全操作规程及劳动卫生规定等内容。

特种作业人员需要由专门机构组织，并进行考试，合格后才能持证上岗，另外必须按期进行复审。

三、安全教育的主要形式

1. 领导干部的安全教育

通过对建筑企业领导进行安全教育，从而全面提高安全管理水平，从思想上树立安全意识，增强安全生产的责任心，正确看待安全与生产、安全与效益、安全与进度之间的关系，为实现安全生产、文明施工打下扎实基础。

2. 一般管理人员的安全教育

让一般管理人员了解国家的安全生产方针、政策及相关规定，从思想上树立安全意识，增强安全生产的法制观念，熟悉法律条款，明确个人作为管理人员的责任、任务及实施方法等，熟悉施工工艺，掌握事故的预防和急救措施，积极参加培训。

3. 新员工的三级安全教育

三级安全教育是新进场员工首次接受安全生产的基本教育，包括公司、项目部、班组三级教育。公司教育的内容包括国家和地方有关安全生产的方针、政策、法规、标准、规范、规程和企业的安全规章制度等；项目部教育的内容包括工地安全制度、施工现场环境、工程施工特点及可能的不安全因素等；班组安全教育的内容包括本工作的安全操作规程、事故案例剖析、劳动纪律和岗位安全讲评等。

对新进场员工必须进行安全教育和技术培训，考核合格才能上岗。

4. 转岗及重新上岗人员的安全教育

企业待岗、换岗员工，在重新上岗之前，必须接受安全教育，且不得少于 20 学时。工种之间转换有利于施工生产的需要，做好安全教育，可以避免转岗员工不必要的伤害。教育的主要内容有：工种作业的安全技术操作规程、班组施工的概况、施工区域内设备设施的性能、作用及安全防护要求等。

5. 特种作业人员的安全教育

特种作业人员必须接受本工种专业培训，并通过资格考试，取得特种作业人员操作证后方可上岗。

6. 班前安全活动

班前安全活动的内容主要针对各班组专业特点和作业条件进行，内容包括：施工部位、作业环境、安全条件、机械设备的安全防护装置是否齐全有效、个人防护用品是否正确佩戴等，不能以布置生产工作替代安全活动内容，也不能与安全技术交底混淆。

7. "五新"和复工的安全教育

所谓"五新"是指新材料、新工艺、新产品、新技术和新设备。进行新操作方法和岗位的安全教育内容主要有：

（1）"五新"的基础知识和操作方法；

（2）"五新"的性能、特点及可能造成的危害；

（3）作业人员避免事故发生的相关预防和应急措施，正确使用劳动防护用品。

复工教育是指员工离职超过 3 个月或受伤后上岗前的安全教育。复工教育后应填写"复工安全教育登记表"。

四、安全教育的方法

开展安全教育应采用比较浅显、通俗易懂、便于记忆的方法来进行，目前常用的方法有：

（1）会议式：如安全知识讲座、报告会、座谈会、交流会、展览会、知识竞答等，见图 3-16。

（2）报刊式：如安全生产方面的杂志，企业自编的安全知识小册子等。

（3）文艺演出式：将安全教育内容通过舞台剧的表现形式传达给企业员工。

（4）音像式：如 DVD、电视录像、音频等，见图 3-17。

图 3-16　会议式安全教育

图 3-17　音像式安全教育

（5）张挂式：如安全宣传横幅、图片、黑板报等，见图 3-18。

（6）现场观摩演示：如现场展示安全操作方法、消防演习、急救演示等。

（7）固定场所展示：如劳动保护教育室、安全生产展览室等。

图 3-18　张挂式安全教育

【案例导入】

案例一：某企业员工三级安全教育记录卡

姓　　　名：申××　　　　　出生年月：1990 年 ×× 月 ×× 日　　　　文化程度：高中
部门（班组）：钢筋工班组　　　工　　种：钢筋工　　入场日期：2020 年 ×× 月 ×× 日
家庭地址：

编号：

三级安全教育内容		教育人	受教育人
公司教育	进行安全基本知识、法规、法制教育，主要内容是： 1. 党和国家的安全生产方针、政策； 2. 安全生产法规、标准和法制观念； 3. 本单位施工过程及安全生产制度、安全纪律； 4. 本单位安全生产形势、历史上发生的重大事故及应吸取的教训	签名： 年　月　日	签名： 接受教育（　）学时
项目部教育	进行现场规章制度和遵章守纪教育，主要内容是： 1. 本项目施工特点及施工安全基本知识； 2. 本项目安全生产管理制度、规定及安全注意事项； 3. 高处作业、机械设备、电气安全基础知识； 4. 防火、防毒、防尘、防爆知识及紧急情况安全处置和安全疏散知识； 5. 防护用品发放标准及使用基本知识	签名： 年　月　日	签名： 接受教育（　）学时
班组教育	进行本工种安全操作及班组安全制度、纪律教育，主要内容是： 1. 本班组作业特点及安全操作规程； 2. 班组安全活动制度及纪律； 3. 爱护和正确使用安全防护装置（设施）及个人劳动防护用品； 4. 本岗位易发生事故的不安全因素及防范对策； 5. 本岗位作业环境及使用的机械设备、工具的安全要求	签名： 年　月　日	签名： 接受教育（　）学时

记录人：

审核人：

案例二：违章操作导致的安全事故

××××年9月16日，某施工单位在某住宅小区工程施工中，使用一台自升式塔式起重机进行吊装作业，由于作业人员违反起重机吊装作业的安全规定，严重超载，导致变幅小车失控，塔体整体倾斜倒塌，将在10层作业的2名工人砸死，起重机司机重伤。经调查，在吊装作业中，作业人员严重违反"十不吊"的规定，超载运行。施工过程中，企业未认真贯彻执行安全生产法规，安全检查不力，员工安全生产意识淡薄，遵纪守法教育未落实，导致安全隐患长期存在，违章作业也未得到解决，最终导致事故。

案例分析：

这是一起缺乏安全教育、违章操作引起的安全事故。

1. 导致事故发生的直接原因：

作业人员严重违反"十不吊"规定，违章操作。

2. 导致事故发生的间接原因：

（1）作业人员未认真贯彻安全生产法规，安全意识淡薄，自我保护意识差；

（2）施工现场管理不到位，"三级"安全教育没有到位，作业人员不重视安全生产法规；

（3）安全检查不到位，管理人员对日常检查、安全巡查不到位，未能及时发现问题或发现问题后未能及时整改和纠正，未能及时排除事故隐患。

案例三：无证上岗导致的安全事故

1. 事故经过

张×、李×、何×是三位焊工。张×刚考取资格证书尚未正式从业；李×已有多年工作经验，资格证书已到期，未办理延期复核手续；何×是李×的徒弟，未考取资格证书。3位工人被某企业聘请后直接上岗。2020年8月10日，天气炎热，3位工人在2楼阳台进行工字钢梁的焊接工作。何×将安全帽扔在楼板上，3人都没有系安全带，直接就进行操作。何×不慎失足跌落至地面，张×与李×立即拨打120并及时上报现场安全管理员，何×被送到了医院，经诊治最终下半身瘫痪。

2.事故原因

直接原因：作业人员安全意识淡薄，自我保护能力差，冒险违章作业，从事作业时未按规定正确佩戴安全带。

间接原因：

（1）现场安全管理混乱，对聘请人员资质管理不当，聘请未取得资格证书的工人进行作业。

（2）企业安全教育不到位，并未实施"三级"安全教育，缺乏安全教育，导致作业人员不重视安全防护用品的使用。

（3）安全检查不到位，施工现场项目经理、工长、专职安全员的定期安全检查、日常检查、安全巡查不到位，未能及时发现问题或发现问题后未能及时整改和纠正，未能及时排除事故隐患。

3.事故教训

（1）企业必须建立健全的员工管理制度，规范工作人员的管理，工人不得无证上岗。

（2）企业必须加强安全教育，确保所有工人明确劳动防护用品的重要性，在作业过程中始终正确佩戴和使用劳动防护用品。

（3）加强施工现场的安全检查，及时发现隐患并处理。

【学习思考】

1.什么是安全教育？安全教育的目的、意义是什么？

2.进入施工现场为什么要戴好合格的安全帽？

3.为什么不允许穿拖鞋或光着脚进入施工现场？

4.新进场的劳动者必须经过"三级"安全教育，即公司级教育、（　　）、班组级教育。

　　A.技术级教育　　　　B.专业级教育　　　　C.项目部级教育

5.下列哪些属于安全教育内容的是（　　）。

　　A.安全法制教育　　　　　　　　B.安全技能教育

　　C.安全技术教育　　　　　　　　D.安全思想教育

6.对从业人员的教育有（　　）。

A. "三级"安全教育　　　B. 调岗、转岗教育　　　C. 复工教育

D. 采用新技术、新工艺、新材料、新设备进行的专门培训教育

7. 对某施工现场检查时，发现存在下列问题，（　　）没有违反《建设工程安全生产管理条例》的规定。

A. 施工单位没有采取措施防止施工对环境的污染

B. 建筑工程施工前，施工单位项目负责人对有关安全施工的技术要求向施工作业班组、作业人员作出详细说明

C. 施工单位没有配备专职安全生产管理人员

D. 施工单位对作业人员每 2 年进行 1 次安全生产教育培训

8. 某建筑施工企业为某工程项目特地招聘了一批持有相应资格证书的焊工、砌筑工、电工，施工现场管理人员为所有人员建立了档案，并给所有人发放了作业过程中必需的劳动防护用品，并组织相应的安全教育。试根据以上材料回答以下问题：①进行安全教育时应包含哪些内容？②进行安全教育可采取哪些形式？

9. 某建筑施工企业承包了某工程项目，经丁某介绍招聘了一批工人，施工现场管理人员记录了所有人的姓名及身份证号，随即给所有人安排了相应的工作，第二天全部进入施工现场参与施工。请问：管理人员的做法有何不妥？应如何改正？

10. 某高层办公楼，总建筑面积 137500m^2，地下 3 层，地上 25 层。业主与施工总承包单位签订了施工总承包合同，并委托了工程监理单位。

施工总承包单位完成桩基工程后，将深基坑支护工程的设计委托给了某设计单位，并自行决定将基坑支护和土方开挖分包给了一家专业分包单位施工。设计单位根据业主提供的勘察报告完成了基坑支护设计后，将设计文件直接给了专业分包单位。专业分包单位在收到设计文件后编制了基坑支护、降水工程专项施工方案，方案经施工总承包单位项目经理签字后即由专业分包单位组织了施工，专业分包单位在开工前进行了三级安全教育。

专业分包单位在施工过程中，由负责质量管理工作的施工人员兼任现场安全生产监督工作。土方开挖到接近基坑设计标高（自然地坪下 8.5m）时，总监理工程师发现基坑四周地表出现裂缝，随即向施工总承包单位发出书面

通知，要求停止施工并立即撤离现场，待查明原因后再恢复施工。总承包单位认为地表裂缝属正常现象，没有予以理睬。不久基坑发生了严重坍塌，造成 4 名施工人员被掩埋，经抢救 3 人死亡、1 人重伤。

事故发生后，专业分包单位立即向有关安全生产监督管理部门上报了事故情况。经事故调查组调查，造成坍塌事故的主要原因是地质勘查资料中未表明地下存在古河道，基坑支护设计中未能考虑这一因素。事故造成直接经济损失 80 万元，于是专业分包单位要求设计单位赔偿事故损失 80 万元。

问题：①请指出上述整个事件中有哪些做法不妥，并写出正确的做法；②"三级"安全教育是指哪三级？③这起事故中的主要责任者是谁？请说明理由。

【实践活动】

观看建筑施工安全教育相关视频，认真学习其中的内容，并撰写一篇观后感，不少于 500 字。

码 3-6 单元 3.3
学习思考参考答案

码 3-7 单元 3.4
导学

单元 3.4 特种作业

通过本单元的学习，学生能够：了解特种作业的范围，掌握特种作业人员应具备的条件，了解特种作业人员的管理。

如图 3-19、图 3-20 所示为特种作业。特种作业是指根据国家安全生产监督管理局相关规定易发生人员伤亡事故，可能对操作者及周围人员和设施的安全造成重大危害的作业。从事特种作业的工作人员称为特种作业人员。

特种作业人员须接受本工种相适应的、专门的安全技术知识培训，经安全技术理论和实际操作技能考核合格，并取得特种作业操作证后，方可上岗；未经培训，或培训后考核不合格者，不得上岗。已接受国家规定的本工种安全技术培训大纲及考核标准要求的教学，并接受过实际操作技能训练的职业高中、中等专业学校、技工学校毕业生，可不再参加培训，直接参加考核。

图 3-19　焊工　　　　　　　　图 3-20　起重机驾驶员

一、特种作业的范围

特种作业存在一定的危险性，它涉及的范围很广，主要包括以下几项：

（1）电工作业：指电气设备运行、安装、维护、检修、施工、改造、调试等作业（不含电力系统进网作业），含发电工、变电工、送电工、配电工，矿山井下电钳工，电气设备的安装、运行、维修（检修）、试验工等。

（2）金属焊接、切割作业：指运用焊接或热切割方法加工材料的作业，含焊接工、切割工。

（3）起重机械作业：含起重机械（包括施工电梯）司机、安装与维修工、司索工、信号指挥工。

（4）登高架设作业：含 2m 以上的登高架设、拆除、维修工和高层建（构）筑物表面清洗工等。

（5）场内机动车辆驾驶：含在企业内及货场、码头等作业区域和施工现场行驶的各类机动车辆的驾驶员。

（6）锅炉作业（含水质化验）：含承压锅炉操作工、锅炉水质化验工。

（7）压力容器作业：含压力容器罐装工、运输押运工、检验工，大型空气压缩机操作工。

（8）制冷作业：含制冷设备安装工、维修工、操作工。

（9）爆破作业：含地面工程、井下爆破工。

（10）矿山作业：包括矿山通风、排水、安全检查、提升运输、采掘、救护等作业，含主扇风机操作工、通风安全监测工、瓦斯抽放工；矿井主排水泵工，尾矿坝作业工；安全检查工，瓦斯检验工，电器设备防爆检查工；主提升机操作工,（上、下山）绞车操作工,固定胶带输送机操作工,信号工；采煤机司机,掘进机司机,耙岩机司机,凿岩机司机等。

（11）危险物品作业：含危险化学品、民用爆炸品、放射性物品的操作工、运输押运工、储存保管员。

建筑施工现场的特种作业主要集中在电工作业、金属焊接切割作业、起重机械作业和登高架设作业等。

二、特种作业人员应具备的条件

特种作业对从业人员的身体素质要求比较高,特种作业人员应当符合下列基本条件：

（1）年满 18 周岁,而且不超过国家法定的退休年龄；

（2）由社区或者县级以上医疗机构健康体检合格,且无妨碍从事相应特种作业的疾病和生理缺陷,如器质性心脏病、美尼尔氏症、癫痫病、眩晕症、震颤麻痹症、精神病、痴呆症等；

（3）具有初中以上（含初中）文化程度；

（4）具备必要的安全技术知识和技能；

（5）相应特种作业规定的其他条件。

对于危险化学品特种作业人员除符合以上第（1）、（2）、（4）和（5）项规定外,应具备高中（或相当于高中）及以上的文化程度。

达不到以上基本条件的人员不得从事特种作业。

特种作业人员必须经专门培训机构进行安全技术培训、考核合格,并取得特种作业操作证后,方可上岗作业。建筑施工特种作业人员的考核内容包括安全技术理论和实际操作。考核合格的,考核发证机关应颁发资格证书。

三、特种作业人员的管理

为了使特种作业人员能按国家相关规定进行工作,确保作业过程中自身及他人的安全,对特种作业人员必须做好相应的管理工作。

1. 企业对特种作业人员的管理

持有资格证书的人员,受聘于用人单位后,方可从事相应的特种作业。用人单位对于首次取得资格证书的作业人员,应在其正式上岗前安排不少于3 个月的实习操作。

建筑施工特种作业人员应严格按照安全技术标准、规范、规程等进行作业，必须正确佩戴和使用安全防护用品，并按规定维护保养作业的工具和设备。特种作业人员每年应参加不少于 24h 的年度安全教育培训或继续教育。

用人单位应当履行下列职责：

（1）必须制定并落实特种作业安全操作规程和相关安全管理制度；

（2）必须与持有效资格证书的特种作业人员按规定订立劳动合同，为其配备齐全、合格的安全防护用品，确保安全的作业条件，并以书面形式明确告知特种作业人员违章操作的危害；

（3）按规定组织特种作业人员每年参加不少于 24h 的年度安全教育培训或继续教育；

（4）建立企业特种作业人员管理档案，及时查处特种作业人员的违章行为并记录在案；

（5）必须履行法律法规及有关规定明确的其他职责。

2. 资格证书的有效期及复核

资格证书有效期为 2 年，有效期满需要延期的，应当于期满前 3 个月内向原来的考核发证机关申请办理延期复核手续。申请延期复核，应提交以下材料：

（1）身份证（原件和复印件）；

（2）体检合格证明；

（3）年度安全教育培训证明或继续教育证明；

（4）用人单位出具的特种作业人员管理档案记录；

（5）考核发证机关规定提交的其他相关资料。

延期复核合格的，资格证书有效期延期 2 年。

资格证书在有效期内，但作业人员存在年龄超过相关工种规定要求、医院证明身体健康状况不适应于相应特种作业岗位、由于个人原因造成生产安全事故需负有责任或未按规定参加用人单位组织的年度安全教育培训或继续教育等情形之一的，资格证书不予复核。

3. 资格证书的注（撤）销

考核发证机关应当制定关于建筑施工特种作业人员考核发证的管理制度，建立本地区特种作业人员的档案。

持证人弄虚作假，骗取资格证书或办理延期复核手续过程中造假的；考核发证机关工作人员违法操作核发资格证书的，考核发证机关应当予以撤销资格证书。

依法不予延期的；资格证书有效期已到，持证人逾期未申请办理延期复核手续的；资格证书持有人已死亡或不具备完全民事行为能力的，考核发证机关应当予以注销资格证书。

【案例导入】

案例一：无证操作导致的触电事故

丁某承包了某房屋的拆除工作，并从某租赁公司租赁了一台汽车起重机。下午3时，租赁公司经理郑某到施工现场，催促吊车司机加快工作速度。郑某（无操作证书）嫌司机动作太慢，便自己操作，不料吊臂伸得过长，碰到屋顶上空的高压线，导致在吊臂下方绑挂钢丝绳的两名工人被电流击中，一人颅内出血，一人小脑组织挫伤。

事故原因分析：

这是一起无证操作、不熟悉操作过程导致的安全事故。

1. 导致事故发生的直接原因

郑某在未取得操作证、不熟悉吊车性能而且没有任何操作经验的情况下，违章操作，导致汽车起重机带电，使绑挂钢丝绳的两名工人触电。

2. 导致事故发生的间接原因

（1）施工现场安全管理不到位，任凭无证人员操作起重机。

（2）施工企业缺乏安全教育，导致作业人员安全意识淡薄，自我保护意识差。

（3）施工企业的安全检查不到位，未及时发现施工现场及周围存在的安全隐患并消除。

案例二：违章操作导致的触电事故

某电厂发电车间检修班电工刁某带领张某检修380V直流电焊机。电焊机修好后进行通电试验，情况良好，并将电焊机开关断开。刁某安排张某拆除电焊机二次线，自己拆除电焊机一次线。因操作前没有确认电源是否断开，拆除电焊机电源线接头过程中刁某意外触电，经抢救无效死亡。

事故原因分析：

这是一起缺乏安全检查、带电操作导致的安全事故。

1. 导致事故发生的直接原因

刁某在拆除电焊机电源线中间接头时，未检查确认电焊机电源是否断开，在电源线带电又无绝缘防护的情况下作业，导致触电。

2. 导致事故发生的间接原因

（1）刁某在本次作业中安全意识淡薄，工作前未进行安全风险分析。

（2）张某作为检修成员，在工作中未有效进行安全监督、提醒，未及时制止刁某的违章行为。

（3）刁某在工作中不执行规章制度，疏忽大意，凭经验违章作业酿成恶果。

（4）施工班组安全管理存在漏洞。

案例三：特种作业安全事故

1. 事故经过

某大楼正在进行装修作业施工，有两名电焊工违规实施作业，导致着火，现场违规使用大量尼龙网、聚氨酯泡沫等易燃材料，导致火苗迅速蔓延，在短时间内形成密集火灾，造成特大火灾事故。这起事故是一起因违法违规生产建设行为所导致的特别重大责任事故。

2. 事故原因

直接原因：

（1）电焊工无特种作业人员资格证，违反持证上岗的原则，严重违反操作规程，引发大火后逃离现场。

（2）现场违规使用大量尼龙网、聚氨酯泡沫等易燃材料，导致火苗迅速蔓延。

间接原因：

（1）装修工程违法违规，多次分包，导致安全责任不落实。

（2）施工作业现场管理混乱，安全措施不落实，存在明显的抢工期、抢进度、突击施工的行为，安全教育不到位，导致作业人员不重视安全生产规定，安全意识淡薄。

（3）有关部门安全监管不力，致使多次分包、多家作业和无证电焊工上岗，对停产后复工的项目安全管理不到位。

3. 事故教训

（1）必须规范特种作业人员素质，确保本企业作业人员持证上岗，杜绝无证上岗现象。

（2）必须使用合格的建筑材料，不能使用劣质材料。

（3）必须落实安全责任制，加强现场管理力度，加强安全教育，提高作业人员安全意识。

【学习思考】

1. 建筑施工现场的特种作业主要有哪些？

2. 以下不必持有特种作业操作证上岗的工种是（　　　）。

　　A. 施工电梯司机　　　　　　　　　　B. 电气焊工

　　C. 登高架设作业人员　　　　　　　　D. 钢筋工

3. 从事特种作业的劳动者，必须经过（　　　）并取得特种作业资格证。

　　A. 身体检查　　　　　　B. 重新登记　　　　　　C. 专门培训

4. 转换工作岗位和离岗后重新上岗的人员，必须（　　　）才允许上岗工作。

　　A. 经过登记手续

　　B. 重新经过安全生产教育

　　C. 经过领导同意

5. 施工人员到高处作业时（　　　）。

　　A. 当无上下通道时，可以攀爬脚手架上下

　　B. 必须走专用通道，禁止攀爬脚手架上下

　　C. 禁止攀爬脚手架上下时，必须系好安全带

6. 从事电焊、气焊作业的工人，必须（　　　）。

　　A. 戴护目镜或面罩

　　B. 穿绝缘鞋，戴护目镜或面罩

　　C. 戴焊接专用手套，穿绝缘鞋，戴护目镜和面罩

7. 特种作业人员应当符合下列哪些基本条件（　　　）。

A. 年满 18 周岁，而且不超过国家法定的退休年龄

B. 相应特种作业规定的其他条件

C. 具有初中以上（含初中）文化程度

D. 具备必要的安全技术知识和技能

E. 由社区或者县级以上医疗机构健康体检合格，且无妨碍从事相应特种作业的疾病和生理缺陷

8. 丁某初中毕业后因某些原因不得不暂停学业，提前参加工作。在亲朋好友的介绍下，丁某跟随一位有多年工作经验的电工学习，3 个月后丁某直接参加工作，就职于一家建筑企业。参加工作后丁某未参加任何安全教育与培训，跟着经验丰富的工人工作，安全帽、安全带等劳动防护用品使用不规范。

根据以上材料，试回答以下问题：①本案例中存在哪些问题？②本案例中存在的问题应该如何整改？

码 3-8　单元 3.4
学习思考参考答案

模块 4
作业安全管理

【模块描述】

安全问题是伴随着社会生产而产生的，只要有作业就会有不安全因素，就会有防止伤害、保护劳动者安全的要求。

作业安全管理就是通过科学地分析作业项目的风险，对作业项目施工的安全进行全面的管理以及控制，指导作业项目安全的各项相关措施能够有效地实施。规划作业项目的安全目标，确定过程要求，制定安全技术措施，配备必要资源，确保安全目标能够实现。

通过本模块的学习，学生能够：了解专项施工方案编制的范围、主要内容，理解专项施工方案；了解专项施工方案的审批；了解安全技术交底的主要内容、基本要求，协助实施安全技术交底；了解危险源的含义与分类，识别施工现场危险源，协助对安全隐患和违章作业提出处置建议；了解文明施工的基本概念，参与项目文明工地、标化工地、绿色施工的创建与管理；了解建筑工程职业病的危害及预防管理。

单元 4.1　安全专项施工方案

码 4-1　单元 4.1 导学

通过本单元的学习，学生能够：了解专项施工方案编制的范围、主要内容，理解专项施工方案；了解专项施工方案的审批，执行分部分项工程安全专项施工方案。

如图 4-1～图 4-4 所示的四个例子，它们所具有的共同点就是危险性大。据某部门对施工现场事故发生的部位统计，在临边和洞口施工发生事故造成死亡的人数占总数的 15.51%；在脚手架上施工发生事故造成死亡的人数占11.86%；安装、拆卸塔式起重机事故造成死亡的人数占 11.86%；模板施工造成死亡的人数占 6.82%，这些基本都属于危险性较大的分部分项工程。

图 4-1　高处作业

图 4-2　地铁施工事故

图 4-3　基坑坍塌事故

图 4-4　脚手架工程事故

《建设工程安全生产管理条例》第二十六条指出，对达到一定规模的危险性较大的分部分项工程应当编制安全专项施工方案，并附有安全验算结果，经施工单位技术负责人、总监理工程师签字后实施，由专职安全生产管理人员进行现场监督。

一、安全专项施工方案编制的目的

危险性较大的分部分项工程是指在施工过程中存在可能导致作业人员群死群伤或造成重大不良社会影响的分部分项工程。危险性较大的分部分项工程安全专项施工方案则是指施工单位在编制施工组织（总）设计的基础上，针对危险性较大的分部分项工程单独编制的安全技术措施文件。危险性较大的分部分项工程必须编制安全专项施工方案。

编制安全专项施工方案能全面提高施工现场的安全生产管理水平，有效预防伤亡事故的发生，确保员工的安全，实行检查评价标准化、规范化的需要，也是衡量企业现代化管理水平的一项重要标准。

管理出效益，安全同样也出效益。安全关系到人民群众的生命财产安全，关系到企业生存发展及构建和谐社会的大局。安全专项施工方案的编制则是保证安全施工的重要手段，是防止建筑施工安全事故发生，保障人身财产安全的重要保证。

二、安全专项施工方案编制的原则

安全专项施工方案的编制，要考虑现场的实际情况、施工的特点及施工现场周围作业环境，措施必须要有针对性。凡是施工过程中可能发生的一切危险因素及建筑物周围环境的不利因素等，都必须采取具体且有效的措施进行控制。

安全专项施工方案除了应包括相应的安全技术措施外，还应包括监控措施、应急预案以及紧急救护措施等内容。

三、安全专项施工方案编制的范围

1. 基坑工程（图 4-5）

基坑工程包括基坑支护、降水、土方开挖等内容。

（1）基坑支护与降水工程

需要编制安全专项施工方案的基坑支护工程有开挖深度超过 3m（含 3m）的基坑（槽）并需要采取支护结构施工的工程；基坑开挖虽未超过 3m，但地质条件和周围环境复杂的支护工程，如杂土达 3m 以上、含有流沙层、地下水位在坑底以上、基坑边界外 3m 以内有地下管线等的建（构）筑物；采用井点降水工艺的工程。

（2）土方开挖工程

开挖深度超过 3m（含 3m）的基坑（槽）的土方开挖需要编制安全专项施工方案。

2. 模板工程（图 4-6）

需要编制安全专项施工方案的模板工程有各类工具类模板，如滑模、爬模、大模板等；高度达 4m 的水平混凝土构件模板支撑系统；特殊结构模板工程，如转换层模板、网架支撑体系等。

图 4-5　基坑工程　　　　　　　　　　图 4-6　模板工程

3. 起重吊装工程（图 4-7）

起重质量达 30t，或起升高度达 10m 的吊装工程需要编制安全专项施工方案。

4. 脚手架工程（图 4-8）

下列脚手架工程需要编制安全专项施工方案：

（1）高度超过 24m 的落地式钢管脚手架；

（2）附着式升降脚手架，包括整体提升与分片式提升；

（3）悬挑式脚手架、门型脚手架、挂脚手架、高处作业吊篮、新型及异型脚手架；

（4）自制卸料平台、移动操作平台；

（5）高度达 5m 的室内装饰脚手架。

图 4-7　起重吊装工程

图 4-8　脚手架工程

5. 拆除、爆破工程（图 4-9、图 4-10）

人工、机械拆除或爆破拆除的工程需要编制安全专项施工方案。

6. 大型建筑施工机械的安装与拆卸

塔式起重机、施工升降机、物料提升机、打桩机械等大型建筑施工机械的装拆需要编制安全专项施工方案。

图 4-9　拆除工程

图 4-10　爆破工程

7. 其他危险性较大的工程

（1）密闭空间内（图 4-11）的施工作业、高处作业、雨（污）水管道（沟、池）内施工作业；

（2）活动房搭拆、6m 以上的边坡施工、建筑幕墙的安装施工、预应力结构张拉施工、网架和索膜结构施工、桥梁工程（图 4-12）施工（含架桥）、特种设备施工；

（3）港口、航道工程；

（4）地铁、隧道工程，包括承压水、盾构进出洞、盾构转场、盾构推进、旁通道工程；

（5）大江、大河的导流、截流施工（含水面、水下作业）；

（6）采用新技术、新工艺、新材料，可能影响建设工程质量安全，已经行政许可，尚无国家、行业或地方技术标准的施工等。

图 4-11　密闭管道施工

图 4-12　高铁桥梁施工

四、安全专项施工方案编制的流程及主要内容

建筑工程实行总承包的，安全专项施工方案应当由施工总承包单位组织编制。起重机械安装拆卸、深基坑工程等实行专业分包的，可由专业承包单位组织编制。一般应按以下流程编制：相关人员进行学习（图纸及相关规范）→确定安全专项施工方案主要内容→使用计算机软件进行相关计算→生成计算书及相关图纸→编制安全专项施工方案→报公司总工程师审批→报总监理工程师审批→按安全专项施工方案组织施工。

安全专项施工方案的主要内容应包括：

（1）工程概况

工程概况包括危险性较大的分部分项工程的概况、施工平面布置图、施工相关要求和技术保证条件等。

（2）编制依据

编制依据包括相关法律、法规、规范性文件、标准、规范及图纸（国标图集）、施工组织设计等。

（3）施工计划

施工计划包括施工进度计划、材料与设备计划等。

（4）施工工艺技术

施工工艺技术包括技术参数、工艺流程、施工方法、检查验收等。

（5）施工安全保证措施

施工安全保证措施包括组织保障、技术措施、应急预案、监测监控等。

（6）劳动力计划

劳动力计划包括安全管理人员、特种作业人员等的劳动力计划。

（7）计算书及相关图纸

五、安全专项施工方案的审批

1. 编制审核

安全专项施工方案应当由施工单位技术部门组织本单位技术、安全、质量等部门的专业技术人员进行审核。审核合格的，由施工单位技术负责人签字后报监理单位，由项目总监理工程师审核签字后执行。

2. 专家论证审查

如属于《危险性较大工程安全专项施工方案编制及专家论证审查办法》所规定的超过一定规模的危险性较大的分部分项工程，则要求：

（1）施工单位应当组织不少于5人的专家组，对已编制的安全专项施工方案进行论证审查。

（2）安全专项施工方案专家组必须提出书面论证审查报告，施工企业应根据论证审查报告进行完善。施工企业技术负责人、总监理工程师签字后，才可实施。

（3）专家组经过审核所做出的书面论证审核报告必须作为安全施工专项施工方案的附件。在实施过程中，施工企业必须严格按照安全专项施工方案进行施工。

3. 超过一定规模的危险性较大的分部分项工程范围

（1）深基坑工程

①开挖深度超过5m（含5m）的基坑（槽）的土方开挖、支护、降水工程；

②开挖深度虽未超过 5m，但地质条件、周围环境和地下管线复杂，或影响毗邻建（构）筑物安全的基坑（槽）的土方开挖、支护、降水工程。

（2）模板工程及支撑体系

①工具式模板工程：包括滑模、爬模、飞模工程；

②混凝土模板支撑工程：搭设高度 8m 及以上；搭设跨度 18m 及以上；施工总荷载 15kN/m² 及以上；集中线荷载 20kN/m 及以上；

③承重支撑体系：用于钢结构安装等满堂支撑体系，承受单点集中荷载 700kN 以上。

（3）起重吊装及安装拆卸工程

①采用非常规起重设备、方法，且单件起吊质量在 100kg 及以上的起重吊装工程；

②起重量 300kN 及以上的起重设备安装工程；高度 200m 及以上内爬起重设备的拆除工程。

（4）脚手架工程

①搭设高度 50m 及以上落地式钢管脚手架工程；

②提升高度 150m 及以上附着式整体和分片提升脚手架工程；

③架体高度 20m 及以上悬挑式脚手架工程。

（5）拆除、爆破工程

①采用爆破拆除的工程；

②码头、桥梁、高架、烟囱、水塔或拆除中容易引起有毒有害气（液）体或粉尘扩散、易燃易爆事故发生的特殊建（构）筑物的拆除工程；

③可能影响行人、交通、电力设施、通信设施或其他建（构）筑物安全的拆除工程；

④文物保护建筑、优秀历史建筑或历史文化风貌区控制范围的拆除工程。

（6）其他

①施工高度 50m 及以上的建筑幕墙安装工程；

②跨度大于 36m 及以上的钢结构安装工程；跨度大于 60m 及以上的网架和索膜结构安装工程；

③开挖深度超过 16m 的人工挖孔桩工程；

④地下暗挖工程、顶管工程、水下作业工程；

⑤采用新技术、新工艺、新材料、新设备及尚无相关技术标准的危险性较大的分部分项工程。

【案例导入】

案例一：某工程安全专项施工方案的内容

某在建大型体育馆工地正在进行混凝土浇筑工程，计划进行预应力混凝土施工。对于此项工程，所编制的安全专项施工方案应包含哪些内容？

案例分析：

1. 主要标准规范

《无粘结预应力混凝土结构技术规程》JGJ 92—2016、《后张预应力施工规程》DGJ 08－235－1999。

2. 主要内容

（1）工程概况；

（2）编制依据；

（3）预应力混凝土构件拆模时间和张拉前强度的确定；

（4）涉及施工安全的张拉工艺的相关操作要求；

（5）操作人员操作要点；

如千斤顶后不得站人，预应力筋两端不得站人，张拉时发现意外情况的处置等。

（6）相关安全技术措施；

如作业人员高处作业措施，预应力筋断裂弹出后的防护措施，孔道灌浆时操作人员防止水泥浆喷伤眼睛的措施等。

（7）应急救援预案。

案例二：某工程安全专项施工方案体系的组成

某办公大楼工程为框架-剪力墙结构，地下 3 层、地上 24 层，含裙房 6 层，檐高 27m，报告厅混凝土结构局部层高 8m，演艺厅钢结构层高 8m。基础埋深 12m，地下水位在底板以上 2m，基坑土方施工采用放坡大开挖。主楼采用分段悬挑式脚手架，裙房采用落地式钢管脚手架，核心筒剪力墙采用大模板施工，装修采用吊篮施工，现场自制卸料平台。

案例分析：

该工程需要编制安全专项施工方案的分部分项工程有：

降水工程、土方开挖工程、大模板工程、钢结构安装满堂支撑体系、起重吊装及安装拆卸工程、落地式钢管脚手架工程、悬挑式脚手架工程、高处作业吊篮、自制卸料平台、钢结构安装工程、混凝土模板支撑体系。

案例三：脚手架坍塌事故

1. 事故经过

由××建设总承包公司总包、××装饰公司专业分包的某高层住宅工程，12层以上的外粉刷施工基本完成，脚手架工程专业分包单位的架子班班长王××征得分队长李××同意后，安排3名作业人员进行某段的12～16层阳台外立面高5m、长1.5m、宽0.9m的钢管悬挑脚手架拆除作业。

下午3时50分左右，3人拆除了15层、16层全部和14层部分悬挑脚手架外立面以及连接14层阳台栏杆上固定脚手架的拉杆和楼层立杆、拉杆。当拆至近13层时，外挑脚手架突然失稳倾覆，导致正在第三步悬挑脚手架架体上的2名作业人员随架体分别坠落到地面和三层阳台上（坠落高度分别为39m和31m）。事发后，项目部立即将两人送往医院抢救，但因伤势过重，经抢救无效死亡。

2. 事故原因

直接原因：作业前张××等3人，没有对即将拆除的悬挑脚手架进行检查、加固，就在上部将水平拉杆拆除，以致在水平拉杆拆除后，架体失稳倾覆。

间接原因：专业分包单位分队长李××，在拆除前没有认真按照脚手架安全专项施工方案进行操作，作业人员没有按规定佩戴和使用安全带以及未落实危险作业的监护。

3. 事故教训

（1）施工单位必须严格按照安全专项施工方案的要求切实做好现场安全防护，并落实责任人。

（2）完善各项安全管理制度并严格执行。

（3）加强对工人的安全教育，提高安全防范意识。

【学习思考】

1. 应单独编制安全专项施工方案的有（　　）。

　　A. 现场临时用水工程

　　B. 现场外电防护工程

　　C. 网架和索膜结构施工

　　D. 水平混凝土构件模板支撑体系

　　E. 开挖深度 4.8m 的基坑，地下水位在坑底以上的基坑支护

2. 施工单位对到达一定规模的危险性较大的分部分项工程编制的专项施工方案，应当由（　　）签字后实施。

　　A. 施工单位技术负责人、监理工程师

　　B. 施工单位项目经理、监理工程师

　　C. 施工项目技术负责人、总监理工程师

　　D. 施工单位技术负责人、总监理工程师

3. 某新建学校工程，办公楼施工采用一台塔式起重机；7 层楼面设置有自制卸料平台；外脚手架采用悬挑脚手架，从地上 2 层开始分 4 次到顶。实训楼（净高 24m）施工采用一台物料提升机；外脚手架采用落地式钢管脚手架。该工程需要单独编制哪些安全专项施工方案？

4. 某工地正进行深基坑土方开挖工程，假如你是该项目施工单位负责人，判断该分部分项工程是否需要编制安全专项施工方案，如若需要，应主要包括哪些内容？（提示：深基坑土方开挖工程安全专项施工方案应明确分层、分段开挖和支撑形式等工艺和流程以及时间节点等，确保基坑支护结构稳定性和周边环境的安全性）

码 4-2　单元 4.1
学习思考参考答案

【实践活动】

参观施工现场，并学习相关的实际工程中的安全专项施工方案。

单元 4.2　安全技术交底

码 4-3　单元 4.2 导学

> 通过本单元的学习，学生能够：了解安全技术交底的主要内容、基本要求，协助实施安全技术交底。

图 4-13、图 4-14 是安全技术交底的相关图片。安全事故绝大部分都不是因为技术解决不了造成的，而是由于没有安全技术措施，缺乏安全技术知识，不做安全技术交底，安全生产责任制不落实，违章指挥、违章作业等造成的。

图 4-13　安全技术交底会议

图 4-14　施工现场安全技术交底

安全技术交底制度是安全制度的重要组成部分。为贯彻落实国家安全生产方针、政策、规范、行业标准及企业各类规章制度，及时对安全生产、工人职业健康进行有效预防，提高施工管理、操作人员的安全生产管理水平、操作技能，努力创造安全生产环境，根据《中华人民共和国安全生产法》《建设工程安全生产管理条例》《建筑施工安全检查标准》JGJ 59—2011 等，在进行工程技术交底的同时要进行安全技术交底。因此，安全技术交底作为落实安全技术措施的主要途径，被纳入安全管理检查项目。

一、安全技术交底及其作用

所谓安全技术交底，就是在总体工程以及分部、分项工程开工前或者执行新的任务前，由生产、技术负责人，施工组织设计编制人员等将工程概况、施工方案和安全技术措施向施工现场的有关管理人员和工人进行的技术性交底。它可以使施工人员对工程特点、技术质量要求、施工方法与安全措施等有一个较详细的了解，以便贯彻施工安全技术措施，避免技术质量等事故的发生。

安全技术交底是施工单位一项非常重要的技术活动，但是并不是所有单位对这项工作都能给予足够重视。有些单位仅仅把安全技术交底作为"技术资料需要"的一部分，为"归档"而写，其内容往往也只是简单地抄写相关规范或工艺标准上的条文与要求，既无针对性，也未考虑实际工作中的需要。

一份严谨的安全技术交底要能真正在指导施工、预防事故、保证质量、提高技术水平上发挥作用。

二、安全技术交底的基本要求

项目部必须实行逐级的安全技术交底制度，纵向延伸到班组以及全体作业人员。其基本要求如下：

（1）安全技术交底必须具体、明确、针对性强，要根据各方面的特点，有针对性地提出操作要点及措施。

要点包括：工程状况、地质条件、气候情况（冬季、雨季或旱季）、周围环境（场地窄小、运输困难、周围对噪声、防尘有要求等）、操作场地（如高空、深基坑、立体交叉作业、工序搭接等）以及施工队的技术水平（在哪方面技术薄弱）等方面。

（2）交底的内容应包括说明分部、分项工程施工中潜在的危险因素和存在问题。

（3）应优先采用新的安全技术措施。

（4）应将工程概况、施工方法、施工程序、安全技术措施等向工长、班组长进行详细交底。

（5）定期向由两个以上作业队和多工种交叉施工的作业队伍进行书面交底。

（6）持书面安全技术交底签字记录。

需要注意的是，为了保证生产的标准和规范，在设计和施工领域制定了通用的标准，并简单规定了操作规程，而有一些施工管理人员图方便，照抄工艺标准，造成安全技术交底千篇一律，几乎一份交底可以在所有工地通用。这种做法是对安全技术交底工作的不负责任，国家标准只是规定了基本要求，在实际中可能存在很多特例或与标准不适应的情况，所以需要因地制宜，根据项目特点，有针对性地制定具体、明确的措施。

三、安全技术交底的主要内容

1. 工程开工前，由总包单位环境安全监督部门负责向施工现场项目部进行的安全生产管理首次交底

其内容包括：

（1）国家和地方有关安全生产的方针、政策、法律、法规、标准、规范、规程以及企业的安全规章制度。

（2）项目安全管理目标、伤亡控制指标、安全目标和文明施工目标。

（3）危险性较大的分部分项工程及危险源的控制、安全专项施工方案清单和方案编制的指导及要求。

（4）施工现场安全质量标准化管理的要求。

（5）总包单位对项目部安全生产管理的具体措施及要求。

2. 项目部负责向施工队长或班组长进行的书面安全技术交底

其内容包括：

（1）工程概况、施工方法、施工工序、项目安全管理制度及办法、注意事项、安全技术操作规程。

（2）每一个分部分项工程施工安全技术措施、施工生产中可能存在的不安全因素及防范措施等，确保施工活动的安全。

（3）对于特殊工种的作业、机电设备的安拆及使用、安全防护设施的搭设等，项目技术负责人均需对操作班组进行安全技术交底。

（4）两个及两个以上工种配合施工时，项目技术负责人需要按工程进度向有关班组长进行交叉作业的安全技术交底。

3. 班前作业安全技术交底

施工队长或班组长要根据安全技术交底要求，对操作工人进行针对性的班前作业安全技术交底，操作人员必须严格执行安全技术交底的要求，具体内容包括：

（1）施工要求、作业环境、作业特点以及相应的安全操作规程和标准。

（2）现场作业环境要求的本工种操作的相关注意事项，针对危险源的具体预防措施及应注意的安全事项。

（3）个人防护措施。

（4）发生事故后应及时采取的避难和急救措施。

综上所述，安全技术交底的主要内容，大致可以包括以下几方面：本施工项目的施工作业特点和危险源、针对危险源的具体预防措施、应注意的安全事项、相应的安全操作规程和标准、发生事故后应采取的避难和急救措施、季节性安全技术措施等。

四、安全技术交底的实施

安全技术交底以书面形式为主，重要部位及较复杂的部位应另附图纸，必要时结合实际操作进行交底。

单位工程开工前，项目技术负责人必须将工程概况、施工方法、工艺、程序、安全技术措施等，向施工队负责人、工长、班组长和有关人员进行交底。结构复杂的分部分项工程施工前，项目技术负责人应进行全面、详细的安全技术交底。

项目部安全部门应保存双方签字确认的安全技术交底记录。

各级技术负责人不能以为进行过口头或书面技术交底就可以。一般来说，这仅仅是交底工作的开始，更重要的是对交底的效果进行督促和检查，在施工过程中要提醒施工人员，要严格执行安全技术交底中有关要求，强化施工过程中的检查力度，严格过程验收，发现问题及时解决，以免发生质量事故或造成返工。

五、安全技术交底的记录

交底人在进行书面交底后应保存安全技术交底记录，所有参加交底和接受交底的人员应在交底上签字。安全技术交底完成后，由安全员负责整理归档。

交底人及安全员应在施工生产过程中随时对安全技术交底的落实情况进行检查，发现违章作业立即采取整改措施。

安全技术交底记录一式三份，分别由交底人、安全员、被交底人留存。

【案例导入】

案例一：起重吊装工程安全技术交底

××项目部安全技术交底　　　　　　　　表 4-1

单位工程		分（部）项工程	
交底内容	起重吊装作业	接受交底班组	起重吊装班组
交底内容	1. 起重吊装前必须制定方案并进行安全交底。 2. 起重吊装和指挥人员必须经过体检和专业培训，考核发证后方可操作，信号指挥人员不兼任其他职位，挂钩人员要相对稳定，起重吊装中要坚决执行"十不吊"。 （1）机械安全装置失灵或带病时不准吊；（2）指挥信号不清不准吊；（3）棱刃物与钢丝绳直接接触无保护措施不准吊；（4）吊物上站人不准吊；（5）地下物、埋藏物不准吊；（6）斜拉、斜牵不准吊；（7）散物捆扎不牢或物料放过满不准吊；（8）现场阴暗看不清吊物起落点不准吊；（9）吊物重量不明或超负荷不准吊；（10）六级及以上强风不准吊。 3. 吊、索具应配套检查，符合规程要求。在吊装中应正确使用，并经常检查，用完后妥善保管。 4. 按规定（或设计）设置地锚，使用前必须经过试验。 5. 吊装前，应做好班组安全交底，指定专人负责指挥，对使用的各种工具、机具、索具、地锚等进行检查保养，并做好试吊。 6. 吊装物件、设备进场应按设计规定吊点进行吊装，对于设计规定的，应按方案进行试吊，吊装高度不得超过 20～30mm			
施工员		安全员	交底日期
接受交底人			

案例二：土石方工程安全技术交底

××项目部安全技术交底　　　　　　　　表 4-2

单位工程		分（部）项工程	
交底内容	土石方工程	接受交底班组	各班组
交底内容	1. 建筑工程中的土方工程包括场地平整，基坑（槽）、路基及一些特殊土工构筑物等的开挖、回填、压实等内容。 2. 土方施工前必须查清施工地区地下物埋置的情况，如：地下管道、电缆设备等，以及地下水位。 3. 挖掘土方时要从上而下进行，不可掏空底脚，以免塌方。在同一坡面上作业时，不得上下同时开挖，也不得上挖下运。如果必须上下层同时挖土时，一定要岔开进行，以防落土伤人。 4. 在了解了土质情况和地下水文情况后，才可进行开挖。当无地下水，在天然湿度的土中开挖基槽，不放坡直立壁挖方深度的一般规定为： （1）在堆填的砂土和砾石土内深度为 1m；			

续表

交底内容	(2) 在砂质粉土或粉质黏土内深度为 1.25m； (3) 在黏土内深度为 1.5~2.0m； (4) 在特别密实的土内深度为 2.0m。 5. 在无地下水和附近无较大机械震动情况下开挖基坑（槽），当开挖深度超过 1.5~2.0m，不加支撑时，应按土质和深度情况进行放坡。 6. 根据土质情况及其性质计算稳定性，确定放坡坡度。 (1) 沟槽深度虽不足 1.5m，但土质稳定性较差，适当放坡； (2) 挖土放坡可放斜坡，或按施工需要做成阶梯形槽壁； (3) 在挖土中遇有大部分土层发生变化时，可按土质变化情况调整下层的坡度； (4) 若机械挖掘，放坡深度应在 5m 以上。 7. 在基坑或沟槽开挖时，若受场地的限制或土方量太大不能放坡，可设置支撑。 (1) 天然含水量的黏性土，地下水很少、坑沟深度在 5m 以内，可不连续支撑； (2) 松散的和含水量很高的黏性土，可用连续支撑方法支撑； (3) 松散的和含水量很高的黏性土，地下水很多且有带走土粒可能的，可用板桩法支撑； (4) 用于固定支撑的木料，不得槽、朽、断裂，板料厚度应不小于 5cm，撑木直径不小于 10cm。支撑方法应根据土质及土方工程具体情况，事先研究确定，确保安全。 8. 基坑深度很大，应根据设计确定。 9. 2m 以上深的坑（槽）或管沟上下人员时，应用梯子上下。 10. 槽边堆土及其他材料、机具的距离不得小于 1m。 11. 非机电人员不得擅自动用机电设备。 12. 在夜间或阴暗处施工必须有足够的灯光照明

施工员		安全员		交底日期	
接受交底人					

案例三：塔式起重机断裂事故

1. 事故经过

某商业办公楼侧的塔式起重机在进行顶升作业时，由于工人操作不当，上部结构坠落，导致平衡臂拉杆连接处拉断，配重块撞击塔身，造成塔身弯折翻倒，上部结构平衡臂及配重块坠落地面，顶升作业人员坠落，造成 6 人死亡，1 人受伤。

2. 事故原因

直接原因：塔式起重机操作工人操作不当，导致平衡臂拉杆断裂，引发事故。

间接原因：部分作业人员未持证上岗；安全技术交底弄虚作假；现场安全管理混乱。

3. 事故教训

（1）施工单位必须严格按照相关法律法规，在开工前认真做好安全技术交底，并落实责任人。

（2）开工前，需对各操作人员进行检查，严防工人无证上岗。

（3）加强对工人的安全教育，提高安全防范意识。

【学习思考】

1. 关于安全施工技术交底，下列说法正确的是（　　）。

A. 施工项目技术负责人向施工作业班组和作业人员交底

B. 施工项目技术负责人向专职安全生产管理人员交底

C. 专职安全生产管理人员向施工作业人员交底

D. 施工单位负责人向施工作业人员交底

2. 假如你是某工程项目部的技术负责人，试对临边作业进行安全技术交底。

3. 某项目部的基础工程安全技术交底见表 4-3，请将错误的地方指出并改正。

×× 项目部安全技术交底　　　　　　　　　表 4-3

单位工程		分（部）项工程	
交底内容	基础工程	接受交底班组	钢筋工班组
交底内容	1. 承台钢筋绑扎应先施工，再检查槽帮有无坍塌隐患。 2. 绑承台钢筋时应搭设脚手架，脚手板高度超过 2m 时，可以由架子工随意搭设。 3. 模板安装和拆除时，模板的操作平台、铺板、上下扶梯、防护栏杆及小型工具等必须备齐，并牢固可靠。 4. 模板吊装必须使用卡环或可靠的安全保险吊钩，遇恶劣天气可以继续吊装作业。 5. 基础浇筑前应检查有无坍塌危险，发现问题后可以先施工，后报告。 6. 使用振捣棒必须设漏电保护装置。操作人员应戴绝缘手套、穿胶靴，湿手不得接触开关，电源线不得有破皮。 7. 非机电人员可以擅自拆改机电设备。 8. 在运输混凝土时槽边应加挡车横木，防止小斗车滑进基坑。 9. 向沟槽内回填土时，应先检查槽壁是否安全可靠，用小车向槽内卸土时，不得撒把，槽边应加挡车横木，并让槽内的操作人员躲避。 10. 使用打夯机可以不设漏电保护装置，要有专人负责移动，并放在适宜地点，下班后夯机可以直接放置在施工现场，并拉闸断电		

续表

施工员		安全员		交底日期	
接受交底人					

【实践活动】

参观学习实际工程中的安全技术交底。

码 4-4　单元 4.2
学习思考参考答案

单元 4.3　危险源识别

通过本单元的学习，学生能够：了解危险源的含义与分类，识别施工现场危险源，协助对安全隐患和违章作业提出处置建议。

危险源是各类事故的直接原因，也是安全管理研究和实践的重点。危险源一直是实施安全管理的关键，也一直处于事故链的端头位置，因此，掌握危险源的相关知识就可以很好地防止和控制事故的发生，见图 4-15～图 4-18。

码 4-5　单元 4.3
导学

图 4-15　物体打击伤害

图 4-16　高处坠落事故

图 4-17 坍塌事故

图 4-18 机械伤害

从某种意义上讲，危险源可以是一次事故的载体，也可以是产生某种后果的人或物。天然气在生产、储藏、运输、使用的过程中，可能发生泄漏，引起中毒、火灾或者爆炸等事故，所以装了天然气的储罐是危险源；一个携带了病毒的人，可能造成和他接触过的人患上同样的病，因此，携带该病毒的人是危险源。而我们的施工现场有哪些危险源呢？

一、危险源的含义

危险源是事故的源头，是潜在能量、危险物质集中的核心。危险源即可能造成伤亡、疾病、财产损失、环境破坏等的因素，或它们的组合状态或行为的根源。

施工项目的危险源就是指项目施工过程中存在的各类容易造成事故的不安全因素和隐患，包括管理人员和作业人员的不安全意识、情绪和行为；机具、材料、施工设备及辅助设施的不安全状态；环境、气候、季节及地质条件等的不安全因素以及管理的缺陷等。

危险源是各类事故发生的根源，它有以下方面特征：

（1）决定性。事故的发生以危险源的存在为前提，危险源的存在是事故发生的基础，离开了危险源就不会有事故。

（2）可能性。危险源并不是导致事故的必然因素，只有失去控制的危险源才可能导致事故。

（3）危害性。危险源一旦转化为事故，会给生产带来不良影响，还会对人的生命、财产安全及生存环境等造成危害。

（4）隐蔽性。危险源是潜在的，一般只有当事故发生时才会明确地显现出来，人们对危险源及其危险性的认识往往是一个不断总结教训并逐步完善的过程。

二、危险源的分类

给危险源进行分类是为了对危险源进行更好的识别与分析。根据危险源在安全事故发生过程中的机理，一般可以把危险源划分为两大类，即第一类危险源和第二类危险源。

1. 第一类危险源

潜在能量和危险物质的存在是危害产生的最根本原因，通常我们把可能发生意外释放的能量或危害物质称为第一类危险源。第一类危险源在施工项目中主要以下列几种形式出现：

①产生、供给能量的装置、设备。如临时电缆、空气压缩设备等。

②使人体或物体具有较高势能的装置、设备、场所。如施工电梯、塔式起重机等高处作业设备。

③拥有能量的人、物或场所。如各类机械设备、开挖的基坑。

④具有化学能的危险物质。分为可燃烧爆炸危险物质和有毒、有害危险物质两类。

⑤自然环境施加给施工项目的外在能量。如地震、暴雨、高温等。

2. 第二类危险源

第二类危险源是指可能导致第一类危险源破坏的各种不安全因素，它们是造成意外事故的直接原因，主要包括以下几种：

（1）物的不安全状态

所谓的"物"包括机械、设备、装置、工具、材料，也包括房屋、临时建筑等。

从安全功能的角度来说，不安全状态也就是故障。故障可能是固有的，由设计、制造缺陷造成；也可能由于维修、使用不当，或磨损、腐蚀、老化等原因造成的，如机械设备、装置、零件等由于性能低下而不能实现预定功能的现象。

（2）人的不安全行为

人的不安全行为是指施工人员违反安全规程，使事故有可能或有机会发生的行动。例如使用不安全设备，用手代替工具操作，物体存放不当，冒险进入危险场所，在吊物下作业或停留，机器运转时加油、修理、检查、调整、清扫，有分散注意力行为，忽视使用必须使用的个人防护用品或用具，不安全装束，对易燃易爆等危险品处理错误以及施工人员情绪失常或身体不适等。

安全生产事故情况统计分析显示，人的不安全行为导致事故发生的占70%以上，提高管理水平、控制人的不安全行为是安全工作的重中之重。

（3）环境因素

生产作业环境中的温度、湿度、噪声、振动、照明或通风换气等方面的问题（见表 4-4），会使人的失误或物的故障发生。

易发生安全事故的环境因素　　　　　　　　　　　　　　表 4-4

物理因素	噪声、振动、温度、辐射
化学因素	有毒化学品、腐蚀性物质、爆炸性物质、可燃液（气）体、氧化物
生物因素	细菌、霉菌、病毒、植物、原生虫等
人身因素	人工操作、重力负荷
社会因素	精神紧张、调班制度

（4）管理缺陷

管理缺陷如技术、设计、工艺、结构上有缺陷，施工现场、施工环境的安排设置不合理，防护用品有缺陷；对员工的管理，如教育、培训或人员安排方面的缺陷；对施工程序、施工过程、操作规程和方法等的管理，安全检查和事故防范措施的缺陷等。

第一类危险源决定着事故后果的严重程度，第二类危险源决定着事故发生可能性的大小。事故的发生往往是两类危险源共同作用的结果，两类危险源相互关联、相互依存，第一类危险源的存在是第二类危险源出现的前提，第二类危险源是第一类危险源导致事故的必要条件。

三、危险源的辨识

危险源辨识是安全管理的基础工作，辨识危险源就是为了能事先确定所有可能导致人身伤害或健康损害的根源、状态或行为。

1. 危险源辨识的范围

施工现场危险源辨识的范围，可根据现行的标准、规范、规程、使用说明书上的技术要求及结合以前的一些事故案例，结合施工现场的施工工艺、方法进行辨识。危险源的辨识要根据施工项目自身的情况和特点进行。

2. 危险源辨识的方法

危险源辨识主要通过查阅资料、现场观察、询问交流和安全检查记录表等方式进行，再由经验丰富的安全员和管理人员进行评议，列出危险源清单。

（1）询问和交流

与项目施工现场有经验的工作人员进行交流，从中可初步分析施工现场作业中存在的各类危险源。

（2）现场观察

通过对施工项目作业环境的现场观察，可发现存在的危险源。

（3）查阅有关资料

查阅项目的事故、职业病记录，可从中发现存在的危险源。

（4）获取外部信息

从有关类似项目、文献资料、专家咨询等方面获取有关危险源，加以分析研究，有助于辨识出与本施工项目有关的危险源。

（5）工作任务分析

通过分析组织成员中的工作任务所涉及的危害，可识别出有关的危险源。

（6）安全检查表

所谓的安全检查表，就是为了能够系统地辨识和诊断安全状况，而事先拟好的问题清单。具体地讲，就是为了能够系统地发现施工现场、工艺过程或设备、产品以及各种操作、管理和组织中的不安全因素，事先分析检查对象，把大的系统分解成小的系统，找出不安全的因素，然后确定检查的项目和标准要求，将检查的项目编制成表进行检查，避免漏检，这就是安全检查表。

（7）系统综合的辨识和评价

发动全员、各岗位、各部门提出各自危险源并评价（预先定出适合的危险源评价准则），主管部门进行归纳整理，管理者代表审核，最高管理者批准。必要时，审核前组织评委会评审。

四、施工现场常见的安全隐患及防范

1. 脚手架工程安全隐患

（1）基础处理不当、用料选材不严；

（2）脚手架拆除时不按规定操作；

（3）未搭设防护栏杆或防护栏杆搭设不合理；

（4）脚手架与主体结构不按规定进行连接；

（5）随意加大步高；

（6）扣件螺栓没有拧紧等。

2. 施工用电安全隐患

（1）施工工地外侧与高压线路的距离小于规范规定的安全距离，又无防护措施；

（2）未采用 TN-S 系统、接地与接零不符合规范规定、保护零线与工作零线混接；

（3）开关箱未设漏电保护装置、照明专用线路无漏电保护装置；

（4）配电箱和开关箱违反"一机一闸一漏一箱"的原则，配电箱下引出线混乱；

（5）电箱无门、无锁、无防雨措施；

（6）施工现场照明、潮湿作业未使用 36V 以下安全电压；

（7）电线破皮及电线接头未用绝缘布包扎；

（8）用其他金属丝代替熔丝等。

3. "三宝""四口"安全隐患

（1）工人自我防护意识不强，进入施工现场不戴安全帽，尤其在夏季施工过程中嫌戴安全帽过于热燥，即使佩戴安全帽，使用方法不符合规定；

（2）安全网规格、材质不符合要求，未按规定设置平网和立网；

（3）悬空作业、高空作业时未系安全带或安全带系挂不符合要求；

（4）楼梯口、楼梯踏步、预留洞口、坑井、悬挑端未设置防护措施；

（5）通道口未设防护棚或设置防护棚的不牢固，高度超过 24m 未设置双层防护；

（6）未安装栏杆的阳台周边、无脚手架的屋面周边、建筑的楼层周边等五临边未设置防护措施，井架通道的两侧边、卸料台的外侧边有防护措施但不符合要求等。

4. 塔式起重机安全隐患

（1）无力矩限制器或不灵敏，无超高、变幅、行走限位器或不灵敏，吊钩、卷扬机滚筒无保险装置；

（2）上下爬梯无护圈，或护圈不符合要求；

（3）塔式起重机高度超过规定未安装附墙装置或附墙装置不符合使用说明规定；

（4）无安装及拆卸施工方案；

（5）司机或指挥人员无证上岗；

（6）路基不平整、无排水措施；

（7）塔式起重机与架空线路之间小于安全距离又无防护措施等。

5. 物料提升机安全隐患

（1）吊篮无停靠装置、无超高限位装置、无安全门，违章乘坐吊篮上下，卷筒上无防止钢丝绳滑脱的保险装置；

（2）架体与建筑结构连墙杆的设置不符合要求或未设置缆风绳，缆风绳不使用钢丝绳，缆风绳的组数、角度、地锚设置不符合要求；

（3）钢丝绳磨损超过报废标准；

（4）地面进料口无防护棚，楼层卸料平台的防护不符合要求；

（5）架体垂直度偏差超过规定要求；

（6）无联络信号；

（7）在相邻建筑物防雷保护范围以外，无避雷装置。

6. 起重吊装安全隐患

（1）起重吊装作业无方案，或有作业方案但未经上级审批，方案针对性不强；

（2）起重机无超高和力矩限制器、吊钩无保险装置；

（3）起重爬杆组装不符合设计要求，钢丝绳磨损断丝超标；

（4）吊点不符合设计规定位置；

（5）司机或指挥无证上岗，非本机型司机操作；

（6）起重机作业路面地耐力不符合说明要求；

（7）被吊物体重量不明就吊装，超载作业；

（8）结构吊装未设置防坠落装置；

（9）起重吊装作业人员无可靠立足点；

（10）物件堆放超高、超载等。

7. 小型施工机具安全隐患

（1）平刨、圆盘锯、钢筋机械、手持电动工具、搅拌机的共同隐患是未作保护接零和无漏电保护器，传动部位无防护罩，护手、手柄等无安全装置，安装后无验收合格手续；

（2）平刨和圆盘锯合用一台电机；

（3）使用Ⅰ类手持电动工具不按规定穿戴绝缘用品；

（4）电焊机无二次空载降压保护器或无触电保护器，一次线长度超过规定或不穿管保护，电源不使用自动开关，焊把线接头超过3处或绝缘老化，无防雨罩；

（5）搅拌机作业台不平整、不安全，无防雨棚，料斗无保险挂钩或挂钩不使用；

（6）气瓶存放不符合要求，气瓶间距和气瓶与明火间距不符合规定，无防振圈和防护帽等。

【案例导入】

案例一：触电事故

某工程4号楼工地，水电班组长蔡××，安排工人祝××、过××两人到4号楼东单元4～5层开凿电线管墙槽。下午1时，祝××、过××两人分别携带手提切割机、开关箱、榔头等工具开始作业，祝××在4层，过××在5层。当过××在东单元西套卫生间开凿墙槽时，由于操作不当，切割机切破电线，致使过××触电。下午2时30分，木工陈××路过该处时，发现过××躺在地上不省人事，项目部立即将其送往医院，但经抢救无效死亡。试分析该案例中存在的安全隐患。

案例分析：

（1）过××在工作时，使用手提切割机操作不当，以致割破电线造成触电。

（2）项目部对员工安全教育不够严格，缺乏强有力的监督。

（3）对施工班组安全操作交底不细，现场安全生产检查监督不力。

（4）施工人员缺乏相互保护和自我保护意识。

（5）施工现场用电设备、设施缺乏定期维护、保养，开关箱漏电保护器失灵。

案例二：卷扬机伤人事故

1. 事故经过

某工地钢筋班组刘××和赵××在对 10 余卷钢筋进行拉直操作。操作正常过程应为：两人先把钢筋抬上转盘，然后由刘××将钢筋头拉到卷扬机一端交给赵××，赵××将其卡在卷扬机钢丝绳的接头上，同时在另一端刘××将钢筋剪断，剪断的钢筋头卡在一个固定的地锚上，然后由赵××启动卷扬机正转按钮，将钢筋拉直。拉直后由赵××按卷扬机停止按钮关掉卷扬机，再启动反转按钮，使卷扬机的钢丝绳倒出来，接头与铆筋失去拉力松动，关掉卷扬机，两人分别在两头将钢筋卸下，完成一根钢筋的拉直工作。

当事人在操作至最后一卷钢筋时，赵××操作失误，右手被卷扬机卷入断裂、连带头部左侧被卷扬机的滚筒边沿挤压破裂，导致其当场死亡。

2. 事故原因

直接原因：

赵××在操作过程中，违反相关管理要求，在一只手拉卷扬机钢丝绳的同时，另一只手进行按钮操作（卷扬机和其移动式操作配电箱距离过近），按钮操作失误（"停止""反转"与"正转"按钮按错）。

间接原因：

（1）对卷扬机等安全性差的小型设备把关不严，未制定完善的安全操作规程；现场使用的钢筋冷拉机是该公司内部用卷扬机自行改装的机械设备，属于不合格产品。

（2）责任制度、管理制度和三级安全教育培训流于形式。

（3）现场安全管理工作不到位，相关人员疏于现场监管，尤其是安全员对操作工违章操作巡查不严。

（4）施工场地地面未平整，有关安全标志和设施未能到位等。

【学习思考】

1. 发现危险源的重要途径是（　　　）。

A. 安全教育　　　　　　　　B. 安全检查

C. 安全监控　　　　　　　　D. 安全责任制

2. 施工现场常见的危险源有哪些？

3. 某工地浇筑混凝土过程中发生支模架倒塌事故，造成 4 死 4 伤。据悉该坍塌作业面下部用于承重的钢管间距规定不得超出 80cm，但该工地承重钢管间距约为 150cm，现有的钢管数量仅为安全数量的 1/3。工人多次提醒，但施工单位仍然继续施工，且包工头逼工人赶工。伤亡 8 人中有 6 人为临时散工，未经安全培训。试找出该案例中的安全隐患。

4. 某工程二期施工现场，钢筋班工人准备将堆放在基坑边上的钢筋移至钢筋加工场，刘 ×× 等人负责钢筋的转运。由于堆放的钢筋不稳，站在钢筋堆上的刘 ×× 不慎滑倒，被随后滚落的一捆钢筋压伤，送到医院后经抢救无效死亡。试分析该案例中的安全隐患。

码 4-6　单元 4.3
学习思考参考答案

【实践活动】

1. 参观施工现场，重点观察现场对于危险源的防范措施。

2. 观看安全事故视频，并指出其中所存在的危险源。

码 4-7　单元 4.4
导学

单元 4.4　施工现场环境监督管理

　　通过本单元的学习，学生能够：了解文明施工的基本概念，参与项目文明工地、标准化工地、绿色施工的创建与管理。

　　如图 4-19 ～图 4-22 所示为施工现场比较典型的不文明行为。文明施工管理能改善工人的劳动条件，提高作业效率，降低对城市环境的污染，确保环保措施落实到位，确保安全文明生产，提高工程质量。文明施工管理是促进创建和谐工地最行之有效的途径之一。

图 4-19　施工现场材料乱堆放

图 4-20　随意倾倒建筑垃圾

图 4-21　野蛮拆迁

图 4-22　泥浆随意排放

　　文明施工对企业增加效益，提高建筑企业在社会中的形象，促进生产发展，增强市场竞争力起到积极的推动作用。文明施工已经成为建筑企业中的一个有效的无形资产，已被广大建设者所认可，对建筑业的发展产生了积极的影响。

　　一、文明施工概要

　　1. 文明施工的概念

　　文明施工是指工程建设实施阶段，有序、规范、标准、整洁、科学的工程建设施工生产活动。即采取相应措施，保持施工现场良好的作业环境、卫生环境和作业秩序，避免对作业人员身心健康及周围环境产生不良影响的活动过程。

规范建设工程施工现场的文明施工，能改善作业人员的工作环境和生活条件，减少和防止安全事故的发生，防止施工过程对环境造成污染和各类疾病的发生，保障建设工程的顺利进行。

2. 文明施工的重要地位

《建筑施工安全检查标准》JGJ 59-2011中增加了文明施工检查评分这一内容，占比15%，它对文明施工检查的标准、规范提出了要求。施工现场文明施工必须做好现场围挡、封闭管理、施工场地、材料堆放、现场宿舍、现场防火、治安综合治理、施工现场标牌、生活设施、保健急救、社区服务十一项内容。

针对建筑工地存在的管理问题，各施工企业应把文明施工放到工作的议事日程上，作为企业的一项重要工作来抓。企业内部对文明施工管理要有组织、有制度、有目标、有具体计划和措施，责任明确，齐抓共管，主管部门牵头，各职能部门有考核目标，上下一致，形成企业文明施工总体的网络系统，使施工现场的文明施工落到实处。

文明施工能使施工现场保持良好的施工环境和施工秩序，可能很多人会误认为文明施工是一项以保持良好形象为重点的工作，是为了宣传企业的"外在美"，是"面子活"。现实中也确实存在一些施工企业抓安全、搞文明施工只是为了应付检查。但是，我们应该认识到，在实际的生产活动中，文明施工不但能够在施工现场管理中对安全生产、职业健康、环境保护等方面提供积极的帮助，还能对企业的经济效益产生积极的作用。

二、文明施工的要求

1. 现场围挡（图4-23）

市区主要路段的工地应设置高度不小于2.5m的封闭围挡，一般路段的工地应设置高度不小于1.8m的封闭围挡。围挡应坚固、稳定、整洁、美观，围挡外不应堆放建筑材料、垃圾、工程渣土等。

图 4-23 施工现场围挡

图 4-24 封闭管理的工地

2. 封闭管理（图 4-24）

施工现场应实施封闭式管理，进出口设置大门。设置门卫值班室，建立门卫职守管理制度，配备门卫职守人员。施工人员进入施工现场应佩戴工作卡，对建筑工人应实行实名制管理。

施工现场出入口应标有企业名称或标识，并应设置车辆冲洗设施。

3. 施工场地

施工现场的主要道路及材料加工区地面应进行硬化处理。施工现场道路应畅通，路面应平整坚实。施工现场应设置排水设施，且排水通畅无积水。

施工现场应有防止扬尘、泥浆洒漏、污水外流等的措施，并应有效控制现场各种粉尘、废水、固体废弃物及噪声、振动对环境的污染和危害。保持场容场貌的整洁，随时清理建筑垃圾。

施工现场禁止吸烟，且应在远离危险区的地方设置专门的吸烟处。施工现场应有绿化布置。

4. 材料管理

建筑材料、构件、料具应按总平面布局进行码放。材料应码放整齐，并应标明名称、规格等。施工现场材料码放应采取防火、防锈蚀、防雨等措施。易燃易爆物品应分类储藏在专用库房内，并应制定防火措施。

5. 现场办公与住宿（图 4-25、图 4-26）

施工作业、材料存放区与办公、生活区应划分清晰，并应采取相应的隔离措施。宿舍、办公用房的防火等级应符合规范要求。在建工程不得兼作宿舍。

图 4-25　施工现场办公区域

图 4-26　施工现场住宿区域及其防护

宿舍应设置可开启式窗户，床铺不得超过 2 层，通道宽度不应小于 0.9m，室内净高不得小于 2.4m。宿舍内住宿人员人均面积不应小于 2.5m²，且不得超过 16 人。冬季宿舍内应有供暖和防一氧化碳中毒措施，夏季宿舍内应有防暑降温和防蚊蝇措施。生活用品应摆放整齐，环境卫生良好。

6. 现场防火

施工现场应建立消防安全管理制度，制定消防措施。施工现场临时用房和作业场所的防火设计应符合规范要求。施工现场应设置消防通道、消防水源，并应符合规范要求。施工现场灭火器材应保证可靠有效，布局配置应符合规范要求。明火作业应履行审批手续，配备监护人员。

7. 治安综合治理

生活区内应设置工人业余学习和娱乐的场所。施工现场应建立治安保卫制度，制定治安防范措施，并将责任分解落实到人，闲杂人员一律不得进入工地。

8. 施工现场标牌（图 4-27）

施工现场进口处应设置明显的"五牌一图"，即工程概况牌、消防保卫牌、安全生产牌、文明施工牌、管理人员名单及监督电话牌、施工现场总平面图，标牌应规范、整齐、统一。

施工现场应设置安全生产宣传栏等，主要施工部位、危险区域都要设置醒目的安全警示牌，悬挂安全宣传标语。

9. 生活设施（图 4-28）

施工现场应建立卫生责任制度并落实到人。

图 4-27 施工现场危险源公示牌

图 4-28 施工现场食堂

食堂与厕所、垃圾站、有毒有害场所等污染源的距离应符合规范要求。食堂必须有卫生许可证，炊事人员必须持身体健康证上岗。食堂使用的液化气罐应单独设置存放间，存放间应通风良好，并严禁存放其他物品。食堂的卫生环境应良好，且应配备必要的排风、冷藏、消毒、防鼠、防蚊蝇等设施。必须保证现场人员卫生饮水。

厕所内的设施数量和布局应符合规范要求，厕所必须符合卫生要求。施工现场应设置淋浴室，且能满足现场人员需求。生活垃圾应装入密闭式容器内，并应及时清理。

10. 社区服务

夜间施工必须领用夜间施工许可证，并提前告知周围群众后方可进行施工。施工现场应制定防粉尘、防噪声、防光污染等措施，严禁焚烧各类废弃物且应制定施工不扰民的措施。

三、文明工地检查与评选

1. 文明工地检查

对参加创建文明工地的工程项目部的检查，要严格执行日常巡查和定期检查制度，检查工作要从工程开工做起，直到竣工交付为止。

施工企业对工程项目部的检查每月应不少于一次。对开出的隐患整改通知书要建立跟踪管理措施，督促项目部及时整改，并对工程项目部的文明施工进行动态监控。

工程项目部每月的文明工地自查应不少于四次。按照行业标准《建筑施工安全检查标准》JGJ 59-2011 及地方和企业的有关规定，对施工现场的安全防护措施、环境保护措施、文明施工责任制以及各项管理制度、现场防火措施等落实情况进行重点检查。

在检查中发现的一般安全隐患和违反文明施工的现象，要按"三定"（定人、定期限、定措施）原则予以整改。对各类重大安全隐患和严重违反文明施工的问题，项目部必须认真地进行原因分析，制定纠正和预防措施，并付诸实施。

2. 文明工地评选

施工企业内部的文明工地评选，应参照有关文明工地检查评分标准以及本企业有关文明工地评选的规定进行。

参加省、市级文明工地的评选，应按照建设行政主管部门的有关规定，实行预申报与推荐相结合、定期检查与不定期抽查相结合的方式进行评选。

申报文明工地工程的书面推荐资料应包括：

（1）工程中标通知书；

（2）施工现场安全生产保证体系审核认证通过证书；

（3）安全标准化管理工地结构阶段复验合格审批单；

（4）文明工地推荐表。

参加文明工地评选的工地不得在工作时间内停工待检，不得违反有关廉洁自律的规定。

四、绿色施工的概念

绿色施工（图4-29、图4-30）是指工程建设过程中，在保证质量、安全等基本要求的前提下，通过科学管理和技术进步，最大限度节约资源，减少对环境负面影响的施工活动，实现"四节一环保"（节能、节地、节水、节材和环境保护）。

绿色施工作为建筑全寿命周期中的一个重要阶段，是实现建筑领域资源节约和节能减排的关键环节。实施绿色施工，应依据因地制宜的原则，贯彻执行国家、行业和地方相关的技术经济政策。绿色施工应是可持续发展理念在工程施工中全面应用的体现，并不仅指在工程施工中实施封闭施工，没有尘土飞扬，没有噪声扰民，在工地四周栽花、种草，实施定时洒水等这些内容，它涉及可持续发展的各个方面，如生态与环境保护、资源与能源利用、社会与经济的发展等内容。

图 4-29　绿色施工工地

图 4-30　绿色施工标牌

五、绿色施工的原则

1. 减少对场地的干扰

施工中的场地平整、土方开挖、施工降水、永久及临时设施建设、场地废弃物处理等均会对场地上现存的动植物资源、地形地貌、地下水位等造成影响，还会对场地内现存的文物、地方特色资源等带来破坏，影响当地文脉的继承和发扬。因此，施工中减少场地干扰对于保护生态环境，维持地方文脉具有重要的意义。

总承包单位应当识别场地内现有的自然、文化和构筑物特征，并通过合理的设计、施工和管理工作将这些特征保存下来，可持续的场地设计对于减少场地干扰具有重要的作用。项目部应制订满足场地保护要求的、能尽量减少场地干扰的场地使用计划。计划中应明确：

（1）场地内哪些区域将被保护、哪些植物将被保护，并明确保护的方法。

（2）如何在满足施工、设计和经济方面要求的前提下，尽量减少清理和扰动的区域面积，尽量减少临时设施及施工用管线。

（3）场地内哪些区域将被用作仓储和临时设施建设，如何合理安排总承包单位、分包单位及各工种对施工场地的使用，减少材料和设备的搬动。

（4）各工种为了运送、安装和其他目的对场地通道的要求。

（5）废弃物将如何处理和消除，如有废弃物需要回填或填埋，应分析其对场地生态、环境的影响。

（6）如何将场地与公众隔离。

2. 施工结合气候

项目部要做到施工结合气候，就要了解现场所在地区的气象资料及特征，主要包括：降雨、降雪资料，如全年降雨量、降雪量、雨季起止日期、一日最大降雨量等；气温资料，如年平均气温、最高、最低气温及持续时间等；风的资料，如风速、风向和风的频率等。

施工结合气候的主要体现有：

（1）合理安排施工顺序，让容易受气候影响的施工工序在不利气候来临前完成。

如在雨期来临之前，完成土方工程、基础工程的施工，以减少地下水位上升对施工的影响，减少其他需要增加的雨期施工保证措施。

（2）安排好全场性排水、防洪，减少对现场及周边环境的影响。

（3）施工场地布置应结合气候，并符合劳动保护、安全和防火的要求。

产生有害气体和污染环境的加工场（如沥青熬制、石灰熟化）及易燃的设施（如木工棚、易燃物品仓库）应布置在下风向，且不危害当地居民。起重设施的布置应考虑风、雷电的影响。

（4）在冬期、雨期、风季、炎热夏季施工中，应针对工程特点，尤其是对混凝土工程、土方工程、深基础工程、水下工程和高空作业等，选择适合的季节性施工方法或采取有效措施。

3. 节水、节电、环保

工程建设通常要使用大量的材料、能源和水资源。减少资源的消耗、节约能源、提高效益、保护水资源是可持续发展的基本要求。施工中资源（能源）的节约主要包括以下几方面：

（1）水资源的节约利用

通过监测水资源的使用，安装小流量的设备和器具，在可能的场所重新利用雨水或施工废水等来减少施工期间的用水量。

（2）节约电能

通过监测利用率，安装节能灯具和设备，利用声光传感器控制照明灯具，采用节电型施工机械，合理安排施工时间等降低用电量，节约电能。

（3）减少材料的损耗

通过合理的现场保管，减少材料的搬运次数，减少包装；完善操作工艺，增加摊销材料的周转次数等，降低材料在使用中的消耗，提高材料的使用效率。

（4）可回收资源的利用

可回收资源的利用是节约资源的主要手段，也是当前应加强的方面，主要体现在两个方面：

一是使用可再生的或含有可再生成分的产品和材料。这有助于将可回收部分从废弃物中分离出来，同时减少了原始材料的使用，即减少了自然资源的消耗。

二是加大资源和材料的回收和循环利用。如在施工现场建立废物回收系统，再回收或重复利用在拆除时得到的材料，这可以减少施工中材料的消耗量或通过销售来增加企业的收入，也可降低企业运送或填埋垃圾的费用。

4. 减少环境污染，提高环境品质

工程施工中产生的大量粉尘、噪声、有毒有害气体、废弃物等会对环境造成严重的影响，也有损现场工作人员、使用者以及公众的健康。因此，减少环境污染、提高环境品质也是绿色施工的基本原则。常用的技术措施有：

（1）使用低挥发性的材料或产品。

（2）安装局部临时排风或局部净化和过滤设备。

（3）进行必要的绿化（图 4-31），经常洒水清扫，防止建筑垃圾堆积在建筑物内，贮存好可能造成污染的材料。

（4）采用更加安全、健康的建筑机械或生产方式。如用商品混凝土代替现场混凝土搅拌，可大幅度地消除粉尘污染。

（5）对于施工时仍在使用的建筑物而言，应将有毒的工作安排在非工作时间进行，并与通风措施相结合，在进行有毒工作时以及工作完成以后，加强现场通风。

（6）对于施工时仍在使用的建筑物，将施工区域保持负压或升高使用区域的气压会有助于防止空气污染物污染使用区域。

图4-31　施工现场绿化

　　施工噪声的控制也是防止环境污染、提高环境品质的一个方面。绿色施工也强调对施工噪声的控制，以防止施工扰民。合理安排施工时间，实施封闭式施工，采用现代化的隔离防护设备，采用低噪声、低振动的建筑机械是控制施工噪声的有效手段。

六、绿色施工的要求

1.临时设施建设方面

　　现场搭建临时设施之前应按规划部门的要求取得相关手续，应尽量选用高效保温隔热、可拆卸循环使用的材料搭建施工现场临时设施。工程竣工后一个月内，选择有资质的拆除公司将临时设施拆除。

2.限制施工降水方面

　　施工单位应采取相应方法，隔断地下水进入施工区域。因地下结构、地层及地下水、施工条件和技术等原因，使得帷幕隔水方法很难实施，或者虽能实施，但需要增加的工程投资明显不合理的，施工降水方案经专家评审并通过后，可以采用管井、井点等方法进行降水。

3.控制施工扬尘方面

　　土方开挖前，施工单位应按相应规范的要求，准备好洗车池和冲洗设施、建筑垃圾和生活垃圾分类密闭存放装置，做好砂土覆盖、工地路面硬化和生活区绿化等工作。

4.渣土绿色运输方面

　　施工单位应按照要求，选用已办理"散装货物运输车辆准运证"的车辆，持"渣土消纳许可证"从事渣土运输作业。

5. 降低声、光排放方面

施工单位应尽量避免夜间施工，因特殊原因确需夜间施工的，必须到工程所在地区县级建设主管部门办理夜间施工许可证。施工时采取封闭措施降低施工噪声，并尽可能减少强光对居民生活的干扰。

【案例导入】

案例一：某工地的不文明施工

××工地建设现场，由于主体结构已经完工，施工方将围挡设施全部拆除。大楼内的建筑垃圾悉数扔到楼下，堆积如山的碎石、砂砾没有进行覆盖遮蔽处理，一阵风吹来，随即腾起一片尘灰。其他管子、木材也是东放一堆，西放一堆，整个工地看起来显得极为凌乱。路旁数十米的慢车道已经封死，半幅路面已经被挖开。

案例分析：

该工地的不文明行为主要有：

（1）主体工程虽已完工，但是还未完全竣工交付，不能拆除现场围挡；

（2）建筑垃圾随处乱丢；

（3）建筑材料未分类堆放；

（4）随意封死工地外慢车道。

案例二：地铁施工导致地下水浪费

1. 事故经过

××市地铁建设Ⅰ标段从 2019 年 7 月份就开始进行施工降水了，每天排水大概 1 万～1.5 万 m^3，而这些水基本上都通过下水管道，白白地流走了。截至 2020 年 6 月，估算抽取地下水有 360 万 m^3。这个标段的降水深度仅 1m，但是由于周围地层渗水性很强，就像一个大漏斗，抽水量比较多，抽出的地下水就白白地流走了。

水务局水政监察大队工作人员提到"我们检查的地铁工地施工降水，最多的一天能抽水 12 万 m^3"，而该地铁工地负责人说"现在工地还有 5 眼自备井用于抽水，没有计量，按照水泵的功率，多的时候一天能抽取 1.5 万 m^3 地下水。没办法，施工设计时就是采用的施工降水，工期紧"。

2. 事故教训

地下水是宝贵的资源，长期以来，施工降水的利用在我国还是少有人问津，随着我国水资源的短缺情况日益严重以及新建建筑物数量的提高，施工降水的合理性应该逐渐被关注起来。

施工降水需要抽取大量地下水，而所抽取的地下水大部分都被排放到市政雨水管道，一方面，对水资源造成了极大的浪费，另一方面，大量抽取地下水会造成城市地面漏斗、塌陷、沉降等灾害的发生。施工工地必须采用节水工艺，节水设备和设施，尽量考虑水的重复使用。

【学习思考】

1. 关于施工现场泥浆处置的说法，正确的是（　　　）。

　　A. 可直接排入市政污水管网

　　B. 可直接排入市政雨水管网

　　C. 可直接排入工地附近的景观河

　　D. 可直接外运至指定地点

2. 关于现场宿舍管理的说法，正确的有（　　　）。

　　A. 现场宿舍必须设置推拉式窗户

　　B. 宿舍内通道宽度不得小于 1.0m

　　C. 宿舍内的床铺不得超过 2 层

　　D. 宿舍内净高不得小于 2.4m

　　E. 每间宿舍居住人员不得超过 15 人

3. 简单说明绿色工地的概念。

4. 简单说一说施工产生的固体废弃物，施工单位应如何处理。

5. 某工程项目部为控制成本，对现场围墙进行分段设计，并实施全封闭式管理。西、北两面紧邻市区主要道路，设计为 1.8m 高砖围墙，并按相关要求进行美化；东、南两面紧靠居民小区一般路段，设计为 1.8m 高普通钢围挡。请指出该项目部做法的不妥之处，并说明理由。

6. ××工地建设现场，推开大门，工地上七零八落地堆放着石砖、泥土、沙子和钢条等建筑材料，砂石搅拌机旁放着一溜东倒西歪的推车。由于这里的建筑材料没有做遮蔽网进行覆盖处理，基本处于露天敞开的状态，道路出口处也没有冲洗设施，也未进行道路硬化处理，因而不远处停放着的几辆摩托车和自行车的坐垫上都积满了灰尘。试分析该施工现场的不文明行为。

码 4-8　单元 4.4
学习思考参考答案

【实践活动】

参观文明工地，并指出该工地哪些地方值得学习。

码 4-9　单元 4.5
导学

单元 4.5　建筑工程职业危害的预防和管理

> 通过本单元的学习，学生能够：了解建筑工程职业病的危害及预防管理。

如图 4-32 ～图 4-35 所示为施工现场对工人身体健康危害较大的几种作业。施工现场人员受伤是各种安全防护措施没有做到位而发生的事故引起的，而发生病灾，则往往是由于不懂得职业安全卫生与健康常识引起的。因此，普及职业安全卫生与健康知识是减少疾病的前提。

图 4-32　生产性粉尘

图 4-33　焊接作业

图 4-34　高温作业

图 4-35　粉刷作业

施工现场情况非常复杂，如果不对作业人员进行业安全卫生教育，不普及职业安全卫生与健康知识，就很容易导致职业疾病的发生。

一、职业卫生概要

1. 施工现场卫生保健（图 4-36、图 4-37）

施工现场应设置卫生保健室，配备保健药箱、常用药及绷带、止血带等急救器材，小型工程可以用办公用房兼作卫生保健室。现场应有经培训合格的急救人员，懂得一般的急救处理知识。

图 4-36　施工现场医务室

图 4-37　施工现场急救措施

要利用板报（图 4-38）等形式向职工介绍防病的知识和方法，针对季节性流行病、传染病等做好对职工卫生防病的宣传教育工作，定期开展卫生防疫宣传教育。

当施工现场作业人员发生传染病、食物中毒、急性职业中毒时，必须在

2h 内向事故发生地建设行政主管部门和卫生防疫部门报告，并应积极配合调查处理。现场施工人员患有传染病或携带病原时，应及时进行隔离，由卫生防疫部门进行处置。

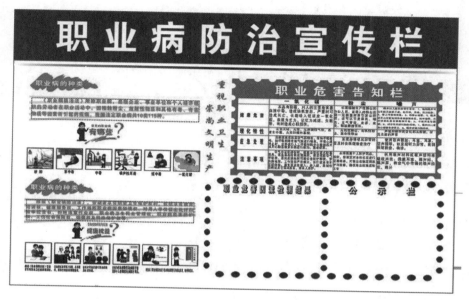

图 4-38　施工现场职业病防治宣传栏

2. 施工现场保洁

办公区和生活区应设专职或兼职的保洁员，负责卫生清扫和保洁，应有灭鼠、蚊、蝇、蟑螂等措施，并应定期投放和喷洒药物。

3. 食堂卫生

做好食堂的卫生工作（图 4-39），能确保生产员工吃好、吃饱、吃放心，保证员工的身体健康，从而保证施工生产顺利进行。

食堂必须要有餐饮服务许可证、食品卫生许可证（图 4-40）。食堂工作人员须经体检合格，取得健康证后方可上岗。上岗前应洗手消毒，穿戴工作服、帽，保持个人清洁卫生。

食品原料进货由专人负责，坚持验收制度，以达到原料新鲜、无腐烂变质，清洗要彻底，保证食品的卫生质量。生、熟食品应分开存放。

不得供应不卫生的生冷拌菜，不生吃小水产，菜肴应烧熟煮透，不供应腐败变质食品。各类餐具、抹布及容器应经常进行消毒处理，保持清洁。

图 4-39　施工现场食堂卫生检查　　　　　图 4-40　食品卫生许可证

　　如发生食物中毒事件，必须及时报告当地医疗机构或有关部门，做好引起中毒的嫌疑食物留样保管工作，不得不报或隐瞒事实。

　　二、职业病危害的种类

1. 生产性粉尘的危害（图 4-41、图 4-42）

　　在建筑工程作业中，石材的加工、建筑物的拆除等，均会产生大量的粉尘，长期吸入可能引发尘肺病。

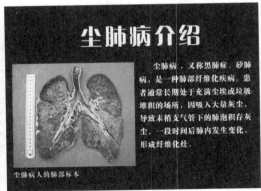

图 4-41　作业中产生大量生产性粉尘　　　　图 4-42　尘肺病

2. 缺氧和一氧化碳的危害

　　在地下室施工时，由于空间相对密闭、通风不畅，特别是在密闭环境下进行焊接或切割作业，耗氧量极大，因缺氧导致作业燃烧不充分，会产生大量一氧化碳，从而造成施工人员缺氧窒息或一氧化碳中毒（图 4-43）。

图 4-43　井下作业一氧化碳中毒急救

3. 有机溶剂的危害（图 4-44、图 4-45）

建筑工程作业中常接触到多种有机溶剂，如防水涂料中常接触到苯、甲苯、二甲苯、苯乙烯，油漆作业中常接触到苯、苯系物、醋酸乙酯、氨类、甲苯二氰酸等，这些有机溶剂极易挥发，作业过程中其在空气中的浓度很高，极易发生急性中毒甚至死亡的事故。

图 4-44　苯中毒导致白血病

图 4-45　现场喷漆作业

4. 焊接作业产生的金属烟雾危害

现场焊接作业时会产生多种有害烟雾，如电气焊时使用锰焊条，会产生锰尘、锰烟、氟化物、臭氧及一氧化碳等，长期吸入可导致电气工人患尘肺病及慢性中毒。

5. 生产性噪声和局部振动危害（图 4-46、图 4-47）

图 4-46　打桩作业

图 4-47　现场电锯切割作业

　　建筑施工中使用的机械工具，如钻孔机、电锯、振捣器及一些动力机械等，会产生较强的噪声和局部的振动，长期接触噪声会损害职工的听力，严重时可造成耳聋；长期接触振动可能损害手的功能，严重时可导致局部振动病。

6. 高温作业危害（图 4-48、图 4-49）

　　长期的高温作业可引起人体内电解质紊乱，损害中枢神经系统，人体会虚脱，昏迷甚至休克，容易造成意外伤害事故。

图 4-48　中暑虚脱

图 4-49　夏季高温作业

三、职业病危害的防护措施

　　为有效防止职业病对作业人员造成的人身伤害，应明确职能部门及施工现场管理人员多级责任制，分清在职业病预防上的岗位职责。项目部应根据公司的具体情况识别并确定职业病危害种类，采取相应的防治措施。加强对作业人员的职业病危害教育，定期组织培训，提高对职业病危害的认识，了解其危害，掌握职业病防治的方法。在醒目位置设置职业病危害警示标志。

施工中所使用的加工设备要设置除尘装置。清运垃圾必须喷洒水后方可用提升机或封闭专用垃圾道运输，严禁从窗口倾倒垃圾。细散颗粒材料的装卸运输必须要遮盖。现场专用道路要经常喷洒水，把粉尘污染降低到最小限度。在高密度粉尘环境作业的施工人员必须佩戴防护口罩，防止吸入有毒灰尘。

在进行石材切割加工、建筑物拆除等有大量粉尘的作业时，应配备有效的降尘设施设备进行降尘。在作业中应尽量降低粉尘的浓度，在施工中采取不断喷水的措施降低扬尘，作业人员必须正确佩戴防尘口罩。

从事防水作业、喷漆作业的施工人员应严格按照操作规程进行施工。作业前要检查作业场所通风是否畅通、通风设施是否运转正常，作业人员在施工作业中要正确佩戴防毒口罩。在密闭空间内进行防水、喷漆作业容易导致一氧化碳中毒，如防护用具不能正常发挥作用时，必须立即撤离现场至通风处，并通知施工现场其他人员在确保自身安全的前提下对该场所进行通风。如已经出现中毒症状，应立即报告项目部进行处理。

慢性中毒症状不易被发现，对从事此类作业的施工人员应定期组织体检，发现职业病症状应立即通知本人并调离岗位，采取必要的治疗措施。

进行噪声较大的施工作业时，施工人员要正确佩戴防护耳罩，并减少噪声作业的时间。如因进行强噪声作业导致作业人员头晕、耳鸣等症状，应立即停止作业并通知其他人员进行治疗，症状严重者应由急救小组送至医疗机构进行治疗。

在地下室等封闭的作业场所进行作业时，要采取强制性通风措施，配备有效的通风设备进行通风，并派专人进行巡视检查。

电气焊作业人员在作业中应注意通风或设置局部排烟设备，使作业场所空气中的有害物质浓度控制在标准之内，在难以改善通风条件的作业环境中操作时，必须佩戴有效的防毒面具。

长期从事高温作业的施工人员应减少工作时间，注意休息，保证充足的饮用水，并佩戴好防暑用品。

对从事高危职业危害的作业人员，工作时间应严格控制，并制定有针对性的急救措施。

从事职业危害作业的职工应按照职业病防治法的规定定期进行身体健康检查，并将检查结果告知本人，存入档案。

【案例导入】

案例一：根据工作内容，判断职业病类型

王××长时间在建筑工地工作，经常参与的施工项目有：石材切割加工，钢筋焊接、切割及打桩前的桩身检查工作。

案例分析：

王××可能患上的职业病有：

（1）参与石材切割加工，可能患上尘肺。

（2）参与焊接作业，可能患慢性一氧化碳中毒。

（3）参与打桩前桩身检查，会长时间接触到打桩产生的噪声，可能会损害听力。

案例二：粉尘职业病——尘肺

1. 事故经过

徐××在建筑工地辛勤工作 5 年，最近发现自己经常身体不舒服，老是咳嗽，但是徐××自己并不在意，以为只是简单的感冒。后来症状愈发严重，除了咳嗽之外，还经常出现胸闷，胸疼，前往医院进行检查，诊断结果尘肺病二期。

据悉，由于徐××长期接触粉尘，自己又嫌戴口罩太麻烦，作业时几乎不戴口罩。

2. 事故教训

一旦患上了尘肺病，整个人相当于丧失了劳动能力。呼吸在正常人看来是很轻松就能做到的事，对于尘肺病人来说都是一种需要忍受的疼痛。尘肺病人平时安安静静地坐着，感觉不是很明显，但只要走路、说话、做事就会觉得很累，喘不上气。

目前，尘肺病尚无有效的根治方法，因为肺组织一旦纤维化，将不可逆转。如果劳动者被查出患上尘肺病，应及时脱离粉尘作业，并根据病情需要进行综合治疗，积极预防和治疗肺结核及其他并发症，减轻临床症状、减缓病情进展。

【学习思考】

1. 不戴口罩在产生大量生产性粉尘的施工现场施工。（　　　）（√或×）

2. 夏季高温天，为了赶工期，中午午休取消，直接施工。（　　　）（√或×）

3. 下列关于建筑施工现场食堂的叙述，不正确的一项是（　　　）。

    A. 食堂应选择在通风、干燥、清洁的位置，距离厕所、垃圾站等污染源大于 30m

    B. 食堂灶台及其周边应贴瓷砖，瓷砖高度不宜小于 1.5m

    C. 食堂应设置独立的制作间、储藏间

    D. 食堂液化气罐应单独设置存放间，存放间应通风良好并严禁存放其他物品

4. 李 ×× 长时间在建筑工地工作，经常参与的施工项目有：油漆喷涂，防水涂料涂刷，并时常帮助木工进行木材切割及混凝土搅拌工作。试分析李 ×× 可能会患上哪些职业病？

5. 假如你在建筑施工现场工作，你会怎样避免患上职业病？（分类别小组讨论）

码 4-10　单元 4.5
学习思考参考答案

【实践活动】

听建筑工程职业病专业医生的讲座，并撰写一篇感想。

模块 5
安全事故防范

【模块描述】

事故是意外事件，指人们在为实现有目的的活动过程中，突然发生了与人们的意愿相违背的不幸事件，致使人员遭受伤亡，财产造成损失，人的有目的的行为暂时或永久性地停止。任何一次事故的出现，都具有若干事件和条件共存或同时发生的特点，它是物质条件、环境、行为、管理以及意外事件的处理等众多因素共同作用的结果。事故发生前必然会出现物体的不安全状态、人的不安全行为及管理缺陷等。

建筑行业面临着建筑环境、工作方法以及工人组合的经常变化，使得它们经常遇到难以预料的异常危险，事故也就容易发生。事故一旦发生，所造成的后果是难以想象的。通过事故我们要举一反三，仔细分析其发生的原因，找出预防措施，防微杜渐，避免同类悲剧再次上演。

通过本模块的学习，学生能够：了解安全事故的定义与分类；参与一般安全事故的调查处理，参与安全事故的救援处理；掌握高处坠落事故、物体打击事故、坍塌事故、机械伤害事故、触电事故、火灾事故的相关知识，找出相关事故隐患，防范事故发生。

单元 5.1 安全事故分类

通过本单元的学习，学生能够：了解安全事故的分类；对安全事故进行正确的分级。

如图 5-1 ～图 5-4 所示为四种不同类型的事故，除此之外还有触电事故、中毒事故、交通事故等。这些事故发生的原因不同、所带来的损失不同、在进行事故救援处理时所采取的措施也不尽相同。

图 5-1　火灾事故

图 5-2　桥梁坍塌事故

图 5-3　爆炸事故

图 5-4　机械伤害事故

为了加强对事故的管理，特别是统一事故统计口径的需要，便于对事故的科学分析和事故资料的积累，我们需要对事故进行分类和分级。

一、事故类别

按照《企业职工伤亡事故分类》GB 6441-1986 的规定，职业伤害事故按照致害的起因可分为：物体打击、车辆伤害、机械伤害、触电、淹溺、灼烫、火灾、高处坠落、坍塌、冒顶片帮、透水、放炮、火药爆炸、瓦斯爆炸、

锅炉爆炸、容器爆炸、其他爆炸、中毒
和窒息、其他伤害 20 类。

建筑施工中发生的安全事故类型很
多，其中常见的伤亡事故主要有：高处坠
落、物体打击、机械伤害、坍塌、触电事
故，这些事故被称为建筑行业的"五大伤
害"（图 5-5）。

二、安全事故等级划分

根据安全伤亡事故造成的人员伤亡
或者直接经济损失，事故一般可以分为
四个等级。

图 5-5　建筑行业五大伤害事故

（1）特别重大事故：是指造成 30 人及以上死亡，或者 100 人及以上重伤
（包括急性工业中毒，下同），或者 1 亿元及以上直接经济损失的事故。

（2）重大事故：是指造成 10 人及以上 30 人以下死亡，或者 50 人及以上
100 人以下重伤，或者 5000 万元及以上 1 亿元以下直接经济损失的事故。

（3）较大事故：是指造成 3 人及以上 10 人以下死亡，或者 10 人及以上
50 人以下重伤，或者 1000 万元及以上 5000 万元以下直接经济损失的事故。

（4）一般事故：是指造成 3 人以下死亡，或者 10 人以下重伤，或者 1000
万元以下直接经济损失的事故。

【案例导入】

案例一：人工挖孔桩内工人中毒事故

由 ×× 基础工程公司负责施工的人工挖孔桩工地。上午 8 时，为消除强
台风带来的连续降雨致使工地积水严重的情况，公司组织对部分桩孔进行抽
水，一直抽到 16 时许。工地其中一桩孔已挖至 9m，桩孔内积水基本已抽干，
通风 15min 后，工人牛 ×× 急于下井施工，下去后即刻晕倒。同组另外两名
工人先后下井救人，均晕倒在孔底。现场设备维修工罗 ×× 见状立即系上安
全带下井救人，下到 −5m 左右时，胸闷难受，于是马上退回地面，并立即通
知现场管理人员，开动空压机加大通风量往桩孔内送风，组织人员下井救人。

三名工人被救上地面后，立即对其进行心肺复苏急救，17时将三名工人送到医院，经抢救无效死亡。医院鉴定为毒气中毒。

案例分析：

这是一起较大安全伤亡事故。

导致事故发生的原因有：

（1）施工作业人员安全意识淡薄，在没有对井内空气进行检测，以及没有对井内进行充分通风的情况下，冒失地下井作业。同班工人安全意识也淡薄，对井内有毒气体的危害性毫无认识，盲目下井救人，这是造成事故的直接原因。

（2）施工单位缺乏施工经验和有效的安全技术措施，没有组织系统学习人工挖孔桩的操作规程，对挖孔井下施工缺氧和井下有害气体的防范没有重视，忽视了下井前对井内空气的检测。思想麻痹、管理不严、措施不力是造成事故的主要原因之一。

（3）由于强台风的影响，连降暴雨的时间长、气压低，造成地下水位猛涨，井底土层大量的腐蚀物质、碳化树木伴生的有毒气体通过水流大量渗入井底。施工管理人员没有高度重视这一情况是造成事故的主要原因之一。

（4）施工现场管理不严，监控不到位，作业前没有进行全面检查及交底，没有对工人进行专门培训。工人安全素质低，对井下缺氧、有害气体中毒的知识了解甚少，且对井下通风不良的危害性认识不足，下井抢救不得法，是造成事故的原因之一。

案例二：在建大桥坍塌事故

1. 事故经过

某大桥设计全长328.45m，桥面宽13m，桥墩高33m，设3%的纵坡，桥型为四孔65m跨径等截面空腹式无铰连续石拱桥。某日，大桥施工现场100多名施工人员正在进行1～3号孔主拱圈支架拆除和桥面砌石、填平等作业。施工过程中，随着拱上荷载不断增加，1号孔拱圈开始出现开裂、掉渣，接着掉下石块。最先达到完全破坏状态的0号桥台侧2号腹拱挤压1号腹拱，造成其迅速破坏倒塌。受连拱效应影响，整个大桥迅速向0号台方向坍塌，坍塌过程大约持续了30s。此次事故共造成64人死亡、4人重伤、18

人轻伤，直接经济损失 3974.7 万元。

2. 事故原因

直接原因：

大桥主拱圈砌筑材料不满足设计和规范要求，拱桥上部结构施工工序不合理，主拱圈砌筑质量差，大大降低了拱圈砌体的整体性和强度。随着拱上施工荷载不断增加，造成 1 号孔主拱圈靠近 0 号桥台一侧拱脚区段砌体强度达到破坏极限。

间接原因：

（1）建设单位严重违反建设工程管理的相关规定，项目管理十分混乱。对发现的施工质量不合规范、材料质量不合格的问题没有认真督促整改；没有经过设计单位同意，擅自与施工单位变更主拱圈设计施工方案，盲目抢工期赶进度、越权指挥施工；未能加强工程施工、监理、安全等环节的监督检查，对检查中发现的施工人员未经培训、监理人员无相应资质等问题未督促整改；企业主管部门和主要领导不能正确履行职责，未能及时发现和督促整改工程存在的重大质量和安全隐患。

（2）施工单位严重违反有关桥梁建设的技术标准，施工质量控制不力，现场管理混乱。擅自与业主商议变更主拱圈设计施工方案，且没有严格按照设计要求的主拱圈砌筑方式进行砌筑；未配备专职质检员和安全员，没有认真落实整改监理单位多次指出的严重工程质量和安全隐患；为抢工期连续施工主拱圈、横墙、腹拱、侧墙，在主拱圈没有达到设计强度的情况下就开始落架施工作业，降低了砌体的强度和整体性；主拱圈施工各环在不同温度无序合龙，造成拱圈内产生附加温度应力，削弱了拱圈强度。

（3）监理单位监管不力，未能依法履行工程监理职责。施工单位擅自变更设计施工方案未予以坚决制止；对发现的施工质量问题督促整改不力，不仅没有向主管部门报告，还在主拱圈砌筑完成但其强度还未测出的情况下，擅自在相关验收表上签字验收合格；派驻现场的监理人员不足，且半数不具备执业资格，更换频繁监理人员，难以保证监理工作的连续性。

（4）设计单位工作不到位。违规将地质勘查项目分包给个人；前期地质勘查工作不够细致，设计深度不够；施工现场的设计服务不到位，设计交底不够。

（5）主管部门、监管部门对工程的质量监管严重失职、指导不力。对重点工程没有制定质量监督计划，没有落实质量监督责任人，对发现的重大质量和安全隐患，没有依法责令停工整改等。

（6）省、州、县三级政府有关部门对工程建设立项审批、招标投标、质量和安全生产等方面的工作监管不力，对下属单位要求不严，管理不到位。

3. 事故处理

这是一起特别重大安全伤亡事故，根据对事故调查和责任的认定，做出如下处理：建设单位工程部长、施工单位项目经理、标段承包人等24名责任人移交司法机关追究刑事责任；施工单位董事长、建设单位负责人、监理单位总工程师等33名责任人受到相应的党纪、政纪处分；建设、施工、监理等单位分别受到罚款、吊销安全生产许可证、暂扣工程监理证书的行政处罚；责成项目所在地人民政府向国务院做出深刻检查。

【学习思考】

1. 某工程施工过程中，工人不慎引燃外墙保温材料引发火灾事故。事后统计，死亡5人，重伤32人，直接经济损失1.2亿元，则该事故应定为（　　）。

    A. 一般事故　　　　　　　　　B. 较大事故

    C. 重大事故　　　　　　　　　D. 特别重大事故

2. 某地下桩基施工中，基坑发生坍塌，造成10人死亡，直接经济损失900余万元，本次事故属于（　　）。

    A. 一般事故　　　　　　　　　B. 较大事故

    C. 重大事故　　　　　　　　　D. 特别重大事故

3. 划分事故等级的因素包括（　　）。

    A. 直接经济损失　　　　　　　B. 间接经济损失

    C. 死亡人数　　　　　　　　　D. 重伤人数

    E. 受伤人数

4. 建筑行业的"五大伤害"是指＿＿＿＿＿、＿＿＿＿＿、＿＿＿＿＿、＿＿＿＿＿和＿＿＿＿＿。

码 5-1　单元 5.1
学习思考参考答案

单元 5.2　安全事故调查处理

码 5-2　单元 5.2 导学

> 　　通过本单元的学习，学生能够：了解一般安全事故调查处理的相关知识，参与安全事故的救援处理。

　　为了保障建筑施工现场广大职工的人身和财产安全，一方面要按照"安全第一、预防为主"的方针，做好施工现场的安全防范工作，排除施工现场的各种安全隐患，尽可能减少事故的发生；另一方面，在事故发生之后应当对事故进行详细的调查，找出事故发生的原因，查明事故的主要责任者，通过事故对现场人员进行安全教育，防微杜渐，避免同类事故的再次发生。

　　依照《中华人民共和国建筑法》和国家、地方的相关规定，施工现场应制定安全伤亡事故报告、调查、处理和统计制度，以便按照有关规定及时报告、调查、处理和统计上报事故。

一、安全事故报告的基本要求

1. 事故报告的程序与时限

　　事故发生后，事故现场的有关人员应当立即向本单位负责人报告。单位负责人接到报告后，应当在 1h 内向事故发生地县级以上人民政府安全生产监督管理部门和负有安全生产监督管理职责的有关部门报告。实施施工总承包的建设工程，由总承包单位负责上报事故。

　　情况紧急时，事故现场的有关人员可以直接向事故发生地县级以上人民政府安全生产监督管理部门和负有安全生产监督管理职责的有关部门报告。

　　安全生产监督管理部门和负有安全生产监督管理职责的有关部门逐级上报事故情况，每级上报的时间不得超过 2h。

　　事故报告应当及时、准确、完整。任何单位和个人不得迟报、漏报、谎报或者瞒报。

　　自事故发生之日起 30 日内，事故造成的伤亡人数发生变化的，应当及时补报。

2. 事故报告的内容

（1）事故发生单位概况

这部分内容应当以全面、简洁为原则。包括单位的全称、所处的地理位置、所有制形式和隶属关系、生产经营范围和规模、持有的各种证照的情况、单位负责人基本情况以及近期生产经营状况等。

（2）事故发生的时间、地点以及事故现场情况

报告事故发生的时间要具体；报告事故发生的地点要准确，除事故发生的中心地点外，还应当报告事故所波及的区域；报告事故现场的情况应当全面，包括现场的总体情况、人员伤亡情况、设施设备损毁情况，以及事故发生前后的现场情况，便于比较分析事故原因。

（3）事故的简要经过

（4）事故已经造成或者可能造成的伤亡人数（包括下落不明的人数）和初步估计的直接经济损失

对于人员伤亡情况的报告，应当遵循实事求是的原则，不作无根据的猜测，更不能隐瞒实际伤亡人数。对直接经济损失的初步估算，主要指事故所导致的建筑物损毁、生产设备设施和仪器仪表的破坏等。

（5）已经采取的措施

主要是指事故现场有关人员、事故单位负责人以及已经接到事故报告的安全生产监督管理部门等，为减少损失、防止事故扩大和便于事故调查所采取的应急救援和现场保护等具体措施。

（6）其他应当报告的情况

根据实际情况而定。比如较大以上的事故，还应当报告事故所造成的社会影响、政府有关领导和部门现场指挥等有关情况。

二、事故发生后应采取的措施

1. 积极组织抢救工作

事故发生单位负责人接到事故报告后，应立即启动相应的事故应急救援预案，或者采取有效措施组织施救，防止事故进一步扩大，减少人员伤亡和财产损失。

2. 妥善保护事故现场

为了事故调查分析的需要，施工单位和个人应当妥善保护事故现场以及相关证据，采取一切可能的措施，防止人为或者自然因素的破坏。任何单位和个人不得破坏事故现场，毁坏相关证据。

确实因为抢救人员、排除险情、防止事故进一步扩大以及为抢救疏散交通等原因，需要移动事故现场物品的，应当做出标记，绘制现场简图并作出书面记录。

三、事故调查及原因分析

安全伤亡事故的调查是一个非常严肃的问题，必须认真对待。真正查明原因，才能够明确责任、吸取教训，从而避免相同事故的发生。安全伤亡事故的调查应当坚持"及时准确、客观公正、实事求是、尊重科学"的原则，以事实为依据、以法律为准绳，运用科学的调查和分析手段，严肃认真地对事故进行调查、分析和处理。

事故调查组由有关人民政府、安全生产监督管理部门、负有安全生产监督管理职责的有关部门、公安机关以及工会派人组成，可以聘请有关专家参与调查。事故调查组的成员应当具有事故调查所需要的知识和专长，并与所调查的事故没有直接利害关系。

事故发生单位应协助调查事故发生的原因、过程、人员伤亡、财产损失等情况。事故发生单位的负责人和有关人员在事故调查期间不得擅离职守，应当随时接受事故调查组的询问，如实提供相关情况。事故调查组向施工单位和个人了解与事故有关的情况，并要求提供相关的文件、资料时，施工单位和个人不得拒绝。任何单位和个人不得以任何方式阻碍、干扰调查组的正常工作。

事故调查组应履行以下职责：

（1）查明事故发生的经过、原因、人员伤亡情况及直接经济损失；

（2）认定事故的性质，明确事故责任归属；

（3）依照国家的有关法律法规，提出对事故责任者的处理建议；

（4）总结事故教训，提出防范和整改措施；

（5）提交事故调查报告。

　　事故调查组应当自事故发生之日起 60 日内提交事故调查报告。特殊情况下，经负责事故调查的人民政府批准，提交事故调查报告的期限可以适当延长，但延长的期限最长不得超过 60 日。

　　事故调查报告应当包含以下内容：

　　（1）事故发生单位概况；

　　（2）事故发生经过和事故救援情况；

　　（3）事故造成的人员伤亡和直接经济损失；

　　（4）事故发生的原因和事故性质；

　　（5）事故责任的认定以及对事故责任者的处理建议；

　　（6）事故防范和整改措施。

　　事故调查报告应当附有有关的证据材料，经调查组全体人员签名后报批。

　　事故原因的分析，应当根据调查所确认的事实，从直接原因入手，逐步深入到间接原因。通过对直接原因和间接原因的分析，确定事故中的直接责任者和领导责任者，再根据其在事故发生过程中的作用，确定主要责任者。

　　四、事故处理

　　1. 事故处理的原则

　　事故处理时应当按照"四不放过"的原则进行，即事故原因没有查清不放过，整改防范措施没有落实不放过，事故责任人和职工群众没有受到教育不放过，事故责任者没有受到处理不放过。

　　2. 事故责任划分

　　事故责任划分是在事故原因分析的基础上进行的。查明事故原因，是确定事故责任的主要依据。责任划分的目的在于使责任者汲取教训，改进工作。

　　根据事故调查确定的事实，通过事故原因分析，找出对应于这些原因的人及其与事件的关系，确定事故的直接责任者、主要责任者和领导责任者。

　　违章指挥或违章作业、冒险作业，违反安全生产责任制和操作规程，违反劳动纪律、擅自开动机械设备或擅自更改、拆除、毁坏、挪用安全装置和设备等情况造成伤亡事故的，应该由肇事者或有关人员负直接责任或主要责任。

　　安全生产责任制、安全生产规章和操作规程不健全，没有按照规定对职工进行安全教育和技术培训，职工没有经过考试合格就上岗操作，机械设备超过检修期限或超负荷运行，设备有缺陷又不采取措施等情况造成伤亡事故的，有关领导应负领导责任。

3. 事故处理的时限

重大事故、较大事故、一般事故，负责事故调查的人民政府应当自收到事故调查报告之日起 15 日内做出批复；特大事故，30 日内做出批复。特殊情况下，批复时间可以适当延长，但延长的时间最长不超过 30 日。

4. 事故处罚

有关部门应当按照人民政府的批复，依照法律法规规定的权限和程序，对事故发生单位和有关人员进行行政处罚，对负有事故责任的国家工作人员进行处分。事故发生单位对本单位负有事故责任的人员进行处理。事故责任人员涉嫌犯罪的，依法追究其相应的刑事责任。

事故处理的情况由负责事故调查的人民政府或者其授权的有关部门向社会公布，依法应当保密的除外。

5. 事故发生单位的防范和整改措施

事故发生单位应认真汲取事故教训，落实防范和整改措施，防止事故再次发生。防范和整改措施的落实情况应当接受职工的监督。

安全生产监督管理部门和负有安全生产监督管理职责的有关部门应当对事故发生单位落实防范和整改措施的情况进行监督检查。

【案例导入】

案例一：某工程升降机坠落事故

某施工工地上，一满载工人的施工升降机在上升过程中突然失控，从 70m 高空坠落，造成升降机上 9 名工人全部死亡。

本案中的事故应当定为什么等级？事故发生后，施工单位应当采取哪些措施？

案例分析：

本次事故造成 9 人死亡，《生产安全事故报告和调查处理条例》规定："较大事故，是指造成 3 人以上 10 人以下死亡，或者 10 人以上 50 人以下重伤，或者 1000 万元以上 5000 万元以下直接经济损失的事故"，故应定为较大事故。

事故发生后，施工单位应当采取以下措施：

（1）报告事故

事故发生后，事故现场的有关人员应当立即向本单位负责人报告；单位负责人接到报告后，应当在 1h 内向事故发生地县级以上人民政府安全生产监督管理部门和负有安全生产监督管理职责的有关部门报告。实施施工总承包的建设工程，由总承包单位负责上报事故。

（2）启动事故应急救援预案，组织抢救

事故发生单位负责人接到事故报告后，应立即启动相应的事故应急救援预案，或者采取有效措施组织施救，防止事故进一步扩大，减少人员伤亡和财产损失。

（3）保护事故现场

有关单位和人员应当妥善保护事故现场以及相关证据，任何单位和个人不得破坏事故现场，毁灭相关证据。确实因为抢救人员、排除险情、防止事故进一步扩大等原因，需要移动事故现场物品的，应当做出标记，绘制现场简图并作出书面记录。

案例二：某工程土方坍塌事故

某工程于××××年 5 月 19 日开工，5 月 20 日进行基础土方机械挖掘作业，12 名工人配合挖土作业。5 月 22 日凌晨，基坑已挖至长 27m、宽 8m、深 4.7m，此时挖掘机在基坑西侧北端挖完土退出。12 名工人进入基坑西侧北端进行清槽作业时，基坑边坡土方突然坍塌，将其中 8 人埋入土中，4 人经抢救无效死亡，4 人受伤。

事故责任认定及处理意见：

该起事故是施工作业过程中发生的安全事故，据调查为有关人员的过失责任造成，因此应该认定为一起生产安全责任事故。死亡 4 人，属较大事故。

（1）据调查施工单位没有对工人进行有效的安全教育和安全技术交底，编制的专项施工方案深度不够并且存在一定的技术缺陷，没有指派专职安全人员进行现场监督，对事故的发生负有主要责任。建议施工资质降一级，2年内不得在省内承接工程，并处以 15 万元罚款。

（2）据调查项目经理在施工过程中经常不在工地，对施工过程中存在的安全问题没有能够及时研究解决。建议吊销项目经理的一级建造师资格，由司法机关依法追究刑事责任，并处以2万元罚款。

（3）据调查建设单位对安全生产工作不够重视，对事故发生负有管理责任。建议给予通报批评，责令停工限期整改，并处以1万元罚款。

（4）据调查监理单位没有按照有关规定履行工程监理职责，对事故发生负有监督失职的责任。建议处以15万元罚款。

（5）据调查项目总监理工程师对专项施工方案审查不严，现场监理工作指导、管理不力，对事故发生负有一定责任。建议撤销项目总监理工程师职务。

（6）建议司法机关依法追究项目安全员、项目技术负责人、现场负责人的刑事责任。

事故的预防措施：

（1）土方施工应结合地质勘查结果和周边环境，根据基坑支护技术规范制定相应的施工方案和技术措施，确保施工安全。

（2）土方施工过程中，施工现场的专职安全管理人员和技术人员必须在现场监督管理，对施工中的违规操作应及时制止和纠正。

案例三：施工升降机吊笼伤人事故

1. 事故经过

××××年10月14日，某建设有限公司承建的某工程项目部，架子工班组员工于××、王××（两人均无登高架设特种作业操作资格证书）在该工地四号楼的楼顶从事脚手架拆除工作。

下午4时，两人将拆下的钢管放到通道上，准备通过施工升降机内的吊笼运到地面。当吊笼升到11层停下时，于××爬到吊笼顶部，想将拆下的长达6m的钢管从吊笼顶部放入吊笼内，于××腿部不慎卡在吊笼与井架的缝隙中。王××发现情况后向四号楼升降机操作员发出呼救，但操作员没有听到呼救声，吊笼再次上升，卡住了于××的颈部，造成颈部大出血。附近楼层进行粉刷作业的几个工人听到呼救后把于××从吊笼与井架之间救出，并用吊笼运送到地面，架子工班组负责人及现场人员立即将其送至医院。闻讯赶到的项目部管理人员马××也开车赶往医院。下午 5 时许，于××经抢救无效死亡。

公司副总经理易××当天下午接到马××报告事故的电话后马上赶到医院。当于××抢救无效死亡后，易××即与该项目合伙人黄××、工程项目部马××、架子工班组负责人等主要管理人员于当夜在医院同死者家属达成支付 70 万元死亡赔偿金的协议。公司副总经理易××没有将事故及时向公司法定代表人报告，也没有代表公司及时向有关部门报告，瞒报了这起安全生产事故。

2. 事故原因

直接原因：

架子工于××缺乏安全意识，违反操作规程擅自进入吊笼顶部冒险作业，造成腿部卡在吊笼与井架缝隙中。升降机操作员在不明吊笼上作业人员状况的情况下，继续操作吊笼上升，致使于××被挤压死亡。

间接原因：

（1）安全生产责任未落实。项目部人员没有实际履行该项目的安全管理职责，公司没有将安全生产责任层层落实，层层签订安全生产责任状，安全生产管理责任没有落实到位。

（2）现场安全管理混乱。项目部对作业现场存在违章作业、无特种作业操作资格证等行为缺乏有效的监管，现场安全管理没有落实，公司主要负责人没有组织有效的督促、检查安全生产工作，没有及时消除安全生产事故隐患。

（3）安全教育培训不到位。公司及项目部没有对部分新员工进行上岗前的三级安全教育，部分特种作业人员没有经过专门的安全作业培训，无证上岗，企业员工缺乏应有的安全防范意识。

（4）安全生产规章制度、操作规程执行不到位。公司虽然建立了升降机操作规程、安全教育培训、伤亡事故报告等安全生产管理制度，但流于形式，安全生产规章制度和操作规程没有严格执行到位。

【学习思考】

1.某施工现场发生触电事故，造成2人死亡，1人重伤，事故调查组经过仔细调查后提交了事故调查报告并附有有关证据资料，负责事故调查的人民政府应当自收到报告后（　　）日内做出批复。

A. 15 　　　　　　　　　　　B. 20

C. 30 　　　　　　　　　　　D. 45

2.某工程发生基坑坍塌，作业人员被压在坑底无法报告，事故现场除一名过路人外没有其他工作人员，下列说法中错误的是（　　）。

A.过路人可以直接向相关主管部门报告

B.过路人可以向施工现场的负责人报告

C.过路人有报告的义务

D.过路人应当在事故发生后2h内报告

3.以下不属于《生产安全事故报告和调查处理条例》规定的安全事故报告的主要内容的是（　　）。

A.事故现场情况 　　　　　B.事故可能造成的伤亡人数

C.事故初步估计的直接经济损失　　D.事故防范和整改措施

4.施工现场发生安全伤亡事故后应当及时报告，对于报告的内容应当注意（　　）。

A.事故发生的地点要准确，除事故发生的中心地点外，还应报告事故所波及的区域

B.报告事故发生的时间应该具体

C.应该报告事故发生后的现场情况，不需要报告事故发生前的现场情况

D.对于人员伤亡情况的报告不做无根据的猜测，可酌情少报

E.应当报告已经采取的措施

5.安全事故发生后，现场有关单位和人员不得破坏事故现场、毁灭相关证据。有（　　）原因，需要移动事故现场物品的，应当做出标记，绘制现场简图并作出书面记录。

A. 为抢救疏散交通　　　　　B. 抢救财产

C. 防止事故扩大　　　　　　D. 保留线索

E. 抢救人员

6. 事故调查组应该履行的职责有哪些？事故调查报告应该包含哪些内容？

7. 某建筑公司承建的某市电视台演播中心工地发生一起安全伤亡事故。屋盖混凝土浇筑过程中，模板支撑体系失稳导致屋盖坍塌，造成 6 人死亡，35 人受伤，其中重伤 12 人，直接经济损失 70 余万元。事故发生后，该建筑公司项目经理部向有关部门迅速报告了事故情况。闻讯赶到的有关领导，指挥公安民警、武警战士和现场工人实施了紧急抢险救援工作，将伤者立即送往医院抢救。根据以上背景资料回答以下问题：

①本案中的安全伤亡事故应当定为哪种等级的事故？

②事故发生以后，施工单位对于事故报告的做法正确吗？施工单位还应该采取哪些措施？

码 5-3　单元 5.2
学习思考参考答案

【实践活动】

同学们从如下典型事故中选择一个，通过上网、查阅资料等方式，搜集其事故处理报告及相关资料，仔细分析，提出你自己的观点与见解：

（1）2007 年 8 月 13 日，湖南凤凰县堤溪沱江在建大桥坍塌事故；

（2）2008 年 5 月 1 日，武汉市东湖高新技术开发区"光谷 1 号"一期工程物体打击事故；

（3）2008 年 11 月 15 日，杭州地铁一号线塌陷事故；

（4）2010 年 11 月 15 日，上海静安区 11.15 特大火灾事故。

单元 5.3　高处坠落事故防范

码 5-4　单元 5.3 导学

通过本单元的学习，学生可以：掌握高处坠落事故的相关知识，找出事故隐患，防范高处坠落事故的发生。

　　施工现场的高处作业存在于脚手架的搭设、使用、拆除，模板的搭设、拆除，大型机械的搭设、拆除和使用等多个环节，如果未防护、防护不好或者作业不当都可能发生人或物的坠落（图5-6～图5-9）。人从高处坠落的事故，称为高处坠落事故，物体从高处坠落砸伤下面人的事故，称为物体打击事故。长期以来，高处坠落事故一直是建筑业首位多发事故，占事故总数的35%～40%，每年因此死亡和致残的施工人员很多，经济损失巨大。那么，在我们的施工现场，哪些部位比较容易发生高处坠落事故呢？我们应该采取什么样的措施避免相同惨案的发生呢？

图 5-6　孔洞坠落事故

图 5-7　施工电梯高空坠落

图 5-8　高处坠落应急演练

图 5-9　高处坠落抢救现场

一、高处作业的含义及分级

　　国家标准《高处作业分级》GB/T 3608-2008 规定：凡在坠落高度基准面2m以上（含2m）有可能坠落的高处所进行的作业，都称为高处作业。

建筑施工中的高处作业主要包括临边作业、洞口作业、攀登作业、悬空作业和交叉作业五种基本类型。

坠落高度越高，危险性也就越大，所以按不同的坠落高度，高处作业可分为：

（1）高处作业高度在 2 ～ 5m，称为一级高处作业；

（2）高处作业高度在 5 ～ 15m，称为二级高处作业；

（3）高处作业高度在 15 ～ 30m，称为三级高处作业；

（4）高处作业高度在 30m 以上，称为特级高处作业。

以作业位置为圆心，R 为半径所作的圆，称为可能坠落范围。R 为坠落半径，根据高度 H（作业位置至底部的垂直距离）不同分别是：

（1）H 为 2 ～ 5m 时，$R = 2m$；

（2）H 为 5 ～ 15m 时，$R = 3m$；

（3）H 为 15 ～ 30m 时，$R = 4m$；

（4）H 为 30m 以上时，$R = 5m$。

二、高处作业的一般安全要求

工程项目中涉及的所有高处作业的安全技术措施及所需料具必须列入工程的施工组织设计，经公司上级主管部门审批后方可施工。高处作业应建立和落实各级安全生产责任制，对高处作业的安全设施，应做到防护要求明确、技术合理、经济适用。

高处作业必须逐级进行安全技术教育及交底，落实所有安全技术措施和防护用品，对各种用于高处作业的设备设施、安全标志、工具等，在投入使用前，必须经检查确定完好后才能使用。

搭设高处作业安全设施的人员（架子工等），必须经专门培训机构培训，考核合格后方可上岗，并应定期进行身体检查。用于高处作业的防护设施，不得擅自拆除，如确因作业需要临时拆除，必须经项目部施工负责人同意，并采取相应可靠的措施，作业后应立即恢复原状。

高处作业人员的衣着要轻便，不可赤膊裸身，脚下要穿软底防滑鞋，不能穿拖鞋、硬底鞋、带钉易滑的鞋，工具应随手放入工具袋中，传递物件禁止抛掷。

　　高处作业中所用的物料应堆放平稳，不可放置在临边或洞口附近，也不可妨碍通行。拆卸下的物件、废料等不得乱放，更不得向下丢弃。对于有坠落可能的物料、工具等，都应先行拆除或加以固定。

　　六级以上大风、大雾等恶劣天气不得进行露天攀登与悬空作业。雨期和冬期的高处作业，必须采取防滑、防寒、防冻措施。

　　施工过程中若发现高处作业的安全设施有缺陷或隐患时，必须及时解决，危及人身安全时，必须停止作业。

三、临边作业安全防护

　　施工现场中，工作面边缘无围护设施或围护设施高度低于80cm时的高处作业称为临边作业。基坑周边、二层以上楼层周边、阳台边、各种垂直运输机械接料平台边、井架与施工电梯和脚手架等与建筑物通道的两侧边是常见的临边作业，在施工现场我们通常称为"五临边"。

　　临边作业的安全防护，主要有以下三种：

1. 设置防护栏杆

　　对于基坑周边、无外脚手架的屋面与楼层周边、未安装栏杆或栏板的阳台、挑平台、雨篷与挑檐边等周边应采用防护栏杆围护（图5-10、图5-11）。

图5-10　基坑周边防护栏杆设置　　　　　图5-11　楼层周边防护栏杆设置

　　防护栏杆由上、下两道横杆和立杆组成。上横杆离地1.0～1.2m，下横杆离地0.5～0.6m，立杆间距不大于2m。防护栏杆应自上而下用密目式安全网封闭，必要时栏杆底部应设置高度不低于180mm的挡脚板。

防护栏杆必须保证整体构造的强度和稳定性，能承受来自任何方向的 1000N 的外力。

立杆的固定方法一般有以下几种：

（1）基坑周边的防护栏杆，可采用钢管打入地面 50 ～ 70cm 深。钢管离基坑边口的距离不小于 50cm；

（2）当在砖或砌块上固定时，可以预先砌入规格相适应的含有预埋件的混凝土块，然后将预埋件与钢管焊牢；

（3）当在混凝土楼面、屋面固定时，可用预埋件与钢管焊牢。

2. 架设安全网

底层层高超过 3.2m 的二层楼的周边，以及无外脚手架的高度超过 3.2m 的楼层周边，必须在外围架设安全平网一道。

3. 设置安全门或活动防护栏杆

各种垂直运输接料平台，除两侧设置防护栏杆以外，在平台口还应设置安全门或活动防护栏杆。

四、洞口作业安全防护

洞口作业是指孔、洞口旁的高处作业，包括施工现场及通道旁深度在 2m 及 2m 以上的桩孔、沟槽、管道、孔洞等边缘上的作业。

常见的洞口有楼梯口、电梯井口、通道口和预留洞口，这就是施工中常说的"四口"。

一般楼板、平台、屋面等水平构件上短边尺寸大于等于 250mm 以及墙上高度和宽度分别大于等于 750mm 和 450mm 的孔洞称为洞口，其他则称为孔口。建筑物的孔口有可能造成物料从中坠落，而洞口还可能造成施工人员的坠落。

1. 孔口安全措施

（1）楼板、屋面板等水平构件上短边尺寸在 25 ～ 250mm 的孔口，一般用坚实的盖板封住孔口且进行固定，防止砸坏挪动；

（2）钢管桩孔、钻孔桩孔、杯形基础上口、管道孔以及未填上的坑槽等，均应在孔口设置牢固的盖板（图 5-12）；

（3）对杯形基础、电梯井坑等基础坑槽、孔边要设安全护栏或安全警示牌。

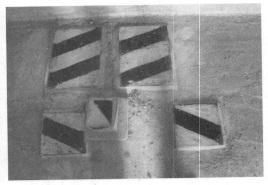

图 5-12　孔口防护

2. 洞口安全措施

（1）在安装构件的过程中，由于作业时间安排或者其他原因，临时性形成的边长 250 ～ 500mm 的洞口，必须用竹、木等材料作为盖板盖住洞口；

（2）楼屋面板等水平构件上边长大于 500mm 的洞口，应设置牢固的盖板、防护栏杆、安全网或者其他防护措施（图 5-13）；

图 5-13　洞口防护

（3）边长为 500 ～ 1500mm 的洞口防护，可采用钢管加扣件连接成网格状固定在洞口上，并在其上面满铺安全竹笆；

（4）边长在 1500mm 以上的洞口，四周应设置安全防护栏杆，且在洞口下方张挂安全平网；

（5）墙板的竖向洞口应设置固定防护门，防护门网格间距不应大于 150mm，门的最低部位应设置 180mm 高的挡脚板；

（6）电梯井口（图 5-14）、楼梯口（图 5-15）、管道井口等处，应设置高度 1.5m 以上的固定栅门，电梯（管道）井内每隔两层且最多 10m 应设置一道安全平网；

（7）位于车辆行驶道路附近的洞口，应设置能承受不小于运载车辆后轮 2 倍承载力的盖板；

（8）施工现场通道附近的各类洞口与坑槽处，除设置防护设施与安全标志外，在夜间还应设置红灯警示。

图 5-14　电梯井口防护　　　　　　　　图 5-15　楼梯口防护

五、攀登作业安全防护

借助登高机具（梯子、载人垂直运输设备等）或建筑结构本身，在攀登条件下进行的高处作业称为攀登作业（图 5-16）。

在建筑物周围搭拆脚手架、张挂安全网，装拆塔式起重机、物料提升机、施工电梯，登高安装钢结构构件等作业都属于攀登作业。

登高作业时必须利用符合安全要求的登高机具操作，严禁利用吊车车臂等施工设备进行攀登，也不允许在阳台之间等非正规渠道登高或跨越。

图 5-16　攀登作业　　　　　　　　图 5-17　梯间平台

1. 利用梯子攀登的安全措施

梯子作为攀登用工具，必须保证使用的安全性。一般情况下，梯子的使用荷载不宜超过 1100N。

梯子脚底部分应防滑，可采取钉防滑材料或对梯子进行临时固定等措施。梯子不得垫高使用，上部应有固定措施。梯子长度不够需接长时，一定要有可靠的连接措施，且只允许接长一次。

立梯工作角度以 75°为宜，踏步间距以 30cm 为宜。折梯上部夹角以 35°~45°为宜，铰链可靠，且必须有拉撑措施。

作业人员上下梯子时，必须面对梯子，且不得双手持物。使用直爬梯攀登作业超过 2m 时，应加设护笼；超过 8m 时，必须设置梯间平台（图 5-17），以备工人歇息之用。

2. 利用结构构件攀登的安全措施

（1）利用钢柱攀登

可以在钢柱上每隔 300mm 左右焊接一根 U 形圆钢筋作为攀登的踏杆，也可以在钢柱上设置钢挂梯的挂杆和连接板以搁置固定钢挂梯。钢柱接柱施工时应搭设操作平台。

（2）利用钢梁攀登

钢梁安装时，应该视钢梁的高度确定攀登的方法。钢梁高度小于 1.2m 时，可以在钢梁两端设置 U 形圆钢筋爬梯，钢梁高度大于 1.2m 时，可以在钢梁外侧搭设钢管脚手架。

（3）利用屋架攀登

在屋架上下弦攀登作业时，应设置爬梯架子，其位置一般在梯形屋架的两端或三角形屋架的屋脊处。吊装屋架之前，应先在屋架上弦设置防护栏杆，下弦挂设安全网，屋架就位固定后及时将安全网铺设固定。

六、悬空作业安全防护

悬空作业是指在周边临空状态下进行高处作业。由于操作者是在无立足点或无牢靠立足点的不稳定条件下进行施工作业，因此危险性相当大。

建筑施工中的构件吊装，悬挑或悬空梁板、雨篷等特殊部位支拆模板、浇筑混凝土，利用吊篮进行外装修等都属于悬空作业（图5-18、图5-19）。

图5-18　悬空作业

图5-19　利用吊篮进行外装修

针对悬空作业的特点，悬空作业处必须首先建立牢靠的立足处，并视具体情况配置防护网、栏杆或其他安全设施。悬空作业所用的索具、脚手板、吊笼、平台等设备，均需经技术鉴定或检验合格后方可使用。

1. 构件吊装、管道安装时的悬空作业

钢结构构件应尽可能安排在地面组装，以减少悬空作业量。当构件起吊安装就位后，其临时固定、电焊、高强度螺栓连接等工序仍然要在高处作业，这就需要搭设相应的安全设施，如搭设操作平台，或佩戴安全带和张挂安全网。高空吊装预应力钢筋混凝土屋架、桁架等大型构件前，也应搭设悬空作业中所需的安全设施。

分层分片吊装第一块预制构件，吊装单独的大中型预制构件，以及悬空安装大模板时，必须站在操作平台上操作。吊装中的预制构件、大模板以及石棉水泥板等轻型屋面板上，严禁站人和行走。

管道安装时应站在已完结构或操作平台上操作，严禁在安装中的管道上站立和行走。

2. 模板搭拆时的悬空作业

支撑和拆卸模板，应按规定的作业程序进行。前一道工序所支的模板未固定前，不得进行下一道工序。严禁在连接件和支撑件上攀登上下，严禁在吊装中的大模板上行走和站人，严禁在上下同一垂直面上装、拆模板。

支设高度在 3m 以上的柱模板，四周应设斜撑，并应设立操作平台；低于 3m 的柱模板可使用马凳操作。

支设处于悬挑状态的模板，应有稳固的立足点。支设临空构筑物的模板，应搭设支架或脚手架。模板面上有预留洞时，应在安装后将洞口盖没，混凝土板上拆模后形成的临边或洞口，应按临边与洞口防护要求防护。

拆模高处作业，应配置登高用具或搭设支架。拆模时必须设置警戒区域，并派专人监护。模板拆除必须干净彻底，不得留有悬空模板。拆下的模板要及时清理、堆放。

3. 绑扎钢筋时的悬空作业

绑扎钢筋和安装钢筋骨架时，必须搭设必要的脚手架和马道。

绑扎圈梁、挑梁、挑檐、外墙和边柱等构件的钢筋时，应搭设操作平台和张挂安全网。绑扎悬空大梁的钢筋时，必须在满铺脚手板的支架或操作平台上进行。

绑扎支柱和墙体钢筋时，不得站在钢筋骨架上或攀登骨架上下。3m 以内的柱钢筋可在楼（地）面上预先绑扎，然后整体竖立。绑扎 3m 以上的柱钢筋，必须搭设操作平台。

4. 浇筑混凝土时的悬空作业

浇筑离地 2m 以上的框架、过梁、雨篷和小平台等构件时，应设操作平台，不得站在模板或支撑件上操作。

浇筑拱形结构，应自两边拱脚对称地相向进行。浇筑储仓，下口应先行封闭，并搭设脚手架以防人员坠落。

特殊情况下进行浇筑，如无安全设施，必须挂好安全带，并扣好保险钩，或架设安全网。

5. 预应力张拉时的悬空作业

进行预应力张拉时，应搭设站立操作人员和设置张拉设备用的牢固可靠的脚手架或操作平台。雨天张拉时还应架设防雨棚。

预应力张拉区域应设置明显的安全标志，禁止非操作人员进入。张拉钢筋的两端必须设置挡板，挡板一般距离所张拉钢筋的端部 1.5～2m，且应高出最上一组钢筋 0.5m，其宽度应距张拉钢筋左右两外侧各不小于 1m。

孔道灌浆应按预应力张拉安全设施的有关规定进行。

6. 门窗安装时的悬空作业

安装和油漆门、窗及安装玻璃，严禁操作人员站在樘子或阳台板上操作。门、窗固定的封填材料未达到强度或未点焊固定时，严禁手拉门、窗或进行攀登。

高处外墙安装门、窗，无外脚手架时应张挂安全网。无安全网时，操作人员应系好安全带，其保险钩应挂在操作人员上方的可靠物体上。

进行各项窗口作业，操作人员的重心应位于室内，严禁在窗台上站立，必要时应挂好安全带。

【案例导入】

案例一：脚手架上工人坠落事故

某住宅小区工程施工进入外装修阶段，在搭设脚手架过程中未按照要求设置防护栏杆和挡脚板。一名抹灰工在五层进行抹灰作业，该工人在作业过程中穿着塑料拖鞋且未系安全带。施工到脚手架的侧边，在使用分格条时，外侧脚手板突然滑脱，该工人发生坠落事故。坠落过程中将首层安全网节点冲开，撞在一层脚手架小横杆上，经抢救无效死亡。

事故原因分析：

这是一起因未正确使用施工安全"三宝"而引发的安全施工事故。

1. 导致事故发生的直接原因：

脚手架搭设不符合要求，未执行行业标准《建筑施工扣件式钢管脚手架安全技术规范》JGJ 130-2011 的要求。

（1）脚手架操作层防护不规范。

（2）脚手板设置不规范。

（3）水平网系结不牢固，工人在坠落过程中首层网节点被冲开，直接导致伤亡事故发生。

2. 导致事故发生的间接原因：

（1）作业人员安全意识淡薄，自我保护能力差，冒险违章作业。抹灰工在从事作业时未按规定正确系好安全带，在施工作业过程中未执行悬空高处作业要穿软底防滑鞋的规定。

（2）脚手架搭设完毕后，在投入使用之前必须进行安全验收，合格后方可投入使用，而该工程的脚手架不符合有关规范要求，且在施工前未经安全检查验收。

（3）施工单位没有按照有关规定建立劳动防护用品专项管理制度及劳动防护用品采购、验收、保管、发放、使用、更换、报废等管理制度。

（4）安全检查不到位。施工现场的项目经理、工长、专职安全员在定期安全检查、日常检查、安全巡查中未能及时发现安全隐患或发现隐患后未能及时整改和纠正。

案例二：操作平台上工人坠落事故

××××年4月10日某项目建设工地一号楼一层完成内部顶棚粉刷后拆除内墙面脚手架，4月20日完成一层外墙粉刷后拆除外墙脚手架，4月27日下午塑钢窗安装班组吴××电话通知工人付××次日到工地安装塑钢窗内扇。4月28日上午7时30分许，工人付××、黄××、邢××三人到工地一号楼底层31～33轴交A轴夹层安装塑钢窗内扇。

三人用两根直径4.8cm、长6m的脚手架钢管，两块木板（1块1.5m×0.12m，1块1m×0.12m）利用两侧3.2m高的挡墙架空搭设了一个井字形简易操作平台，该平台没有满铺脚手板，两侧没有安装防护栏杆。黄××头戴安全帽（帽扣未扣，没有保险绳和安全带）站在平台的左侧木板上，邢××（没有保险绳和安全带）站在右侧木板上，付××站在0.8m高的办公桌上，从下往上将塑钢窗内扇传递给黄××和邢××。安装完两扇后，付××

将第三扇递给两人，黄××在接内扇时，从作业平台坠落地面，安全帽脱落，头部直接撞击水泥地面，经医院抢救无效死亡。

事故原因分析：

1. 导致事故发生的直接原因：

（1）操作平台无防护，搭设不符合规范要求，没有满铺脚手板和进行临边防护，工人没有按照要求佩戴安全带。

（2）黄××安全意识淡薄，在没有采取高处坠落防护安全措施的情况下冒险作业，且没有正确佩戴安全帽。

2. 导致事故发生的间接原因：

（1）施工单位项目部安全管理混乱，没有按照已制定的施工组织方案进行施工，没有对施工人员进行安全技术交底，没有对登高作业人员配足劳动防护用品，在没有完成相关作业的情况下先行拆除脚手架，导致塑钢窗安装工人私自搭设简易安装操作平台。

（2）施工单位安全生产意识淡薄，没有制定塑钢窗安装操作规程，没有对塑钢窗安装作业人员进行安全生产知识培训，将工程安排给无资质人员施工，且没有对其施工作业进行有效协调和监管。项目负责人和专职安全生产管理人员离岗，并违反有关规定将现场安全管理擅自交给无安全资格证书的人员临时管理。

（3）监理单位对施工现场安全监理不到位，对工人违章作业、无证上岗等情况缺乏有效监理。

案例三：高处作业吊篮坠落事故

某工程幕墙安装采用高处作业吊篮施工，吊篮的悬吊平台用两只 5m 长的悬吊平台拼接而成。4 名操作工人正集中在平台中部安装幕墙构件时，悬吊平台中间对接处发生折断，致使上部悬挂机构失稳，两名未悬挂安全带、未佩戴安全帽的操作工坠落，头部着地死亡，另两人受伤。

事故原因分析：

（1）吊篮违规安装。吊篮由两只 5m 长的悬吊平台拼接而成，超过吊篮使用的规定长度（规范规定：悬吊高度在 60m 及以下时可使用长度 7.5m 的悬吊平台；超过 60m，只宜采用 2.5～5.5m 长的悬吊平台），因严重超长且违规拼接，强度不符合要求，致使悬吊平台中间折断。

（2）悬吊平台荷载不均匀。材料堆放在靠近平台中部，4名操作工人又集中在中部施工，而中部又是拼接的最薄弱部位，使得平台中间断裂。

（3）吊篮超员。现行规范规定"吊篮内作业人员不应超过两名"，以避免出现吊篮坠落事故。

（4）作业人员安全意识淡薄，没有正确佩戴安全帽、安全带。

（5）施工现场管理混乱。对吊篮的安装、使用过程未进行全过程监控，根据规范要求"高处作业吊篮在使用前必须经过施工、安装、监理等单位的验收，未经验收或验收不合格的吊篮不得使用"。该拼装吊篮安装后如经过验收程序，相关问题就能得到纠正。吊篮使用中无人交底和检查，对材料不均匀堆放未加制止。

案例四：高空坠落伤亡事故

1. 事故经过

在某通信楼工程现场，项目副经理分别安排泥工班组和空调班组晚上作业，其中泥工班组邹××等5人在水箱间屋面顶部进行水泥砂浆保护层施工。晚上8点30分，邹××在用手推车运输砂浆时，不慎从顶部直径1.8m的检修孔坠落至6层屋面，坠落高度7.2m。邹××随即被送往医院抢救，但经抢救无效死亡。

2. 事故原因

直接原因：

水箱间屋面直径1.8m的检修孔没有采取有效防护措施，没有设专人管理。

间接原因：

（1）现场安全管理混乱，安全防护措施不到位。

（2）工人安全意识淡薄，自我保护意识差。

（3）监理单位监管不力，监理人员对现场的安全隐患未及时发现并要求整改。

3. 事故教训

（1）施工单位必须严格按照《建筑施工高处作业安全技术规范》JGJ 80-2016和《建筑工程预防高处坠落事故若干规定》的要求切实做好现场安全防

护，并落实责任人。

（2）完善各项安全管理制度并严格执行。

（3）加强对工人的安全教育，提高安全防范意识。

【学习思考】

1. 某工程建筑面积 6000m²，地上两层，首层层高 13m，二层层高 3.6m，二层楼面混凝土浇筑作业属于（　　）。

    A. 一级高处作业　　　　　　　　B. 二级高处作业

    C. 三级高处作业　　　　　　　　D. 四级高处作业

2. 什么是建筑施工中的"四口""五临边"？

3. 如何进行临边作业的安全防护？如何进行电梯井的安全防护？

4. 某工程未搭设外架，各楼层临边也未设防护栏杆，被责令整改。为了加快整改速度，工地在人手不足的情况下，临时借用外单位的持特种作业证的架子工若干名，帮助搭设各楼层防护设施。借用人员到位后，工地立即安排开始搭设作业。搭设情况如下：①由于各框架柱之间净距为 7m，在其间增设两根栏杆柱，并焊接固定；②设防护栏杆两道，下横杆离地高度 0.5m，上横杆离地高度 0.9m。根据以上情况，指出该工地的错误做法。

5. 基坑施工中，项目部对施工现场的防护栏杆进行了检查，发现：①防护栏杆上横杆离地高度 0.8～1.0m，下横杆离地高度 0.5～0.6m；②横杆长度大于 3m 的部位加设了栏杆柱；③栏杆在基坑四周固定，钢管打入地面 30～50cm 深，钢管离边口的距离 50cm；④栏杆下边设置了 15cm 高的挡脚板。根据以上材料，指出临边防护的不妥之处，并写出正确做法。

6. 某办公楼工程施工至第十层时，项目部在安全检查中发现：①九层楼板有 3 个短边尺寸在 2.5～25cm 的孔口，2 个边长 25～50cm 的洞口，1 个边长 135cm 的洞口，1 个边长 160cm 的洞口没有进行洞口防护；②落地电缆竖井门洞没有防护；③首层车辆行驶通道旁的洞口没有防护。项目部下达了整改通知书。请问该如何进行整改？

码 5-5　单元 5.3
学习思考参考答案

【实践活动】

1. 参观施工现场或学校相关实训室，重点观察"四口""五临边"的安全防范措施，说说你的感受。

2. 观看高处作业的相关安全操作视频或高处坠落事故的典型案例视频，谈谈你自己的看法。

单元5.4　坍塌事故防范

码5-6　单元5.4导学

通过本单元的学习，学生可以：掌握坍塌事故的相关知识，找出事故隐患，防范坍塌事故的发生。

坍塌事故（图5-20～图5-23）是指物体在某种内在的或外来的原因作用下，超过自身极限强度而遭到破坏，不仅完全丧失了结构的承载和使用功能，而且局部或整体塌倒在地上，完全丧失了恢复功能的可能性。施工现场坍塌事故包括基坑坍塌、边坡坍塌、基础桩壁坍塌、模板支撑系统失稳坍塌、脚手架失稳坍塌、拆除工程坍塌、临时建筑（施工围墙等）倒塌等。

工程出现坍塌事故是最大的不幸，会给人们的生命财产带来重大损失。为此，我们必须做好相应的安全防范工作，避免坍塌事故的发生。

图5-20　基坑坍塌

图5-21　桥梁坍塌

图 5-22　隧道坍塌

图 5-23　脚手架坍塌

一、基坑工程安全管理

1. 基坑开挖过程中坍塌的主要原因

（1）基坑放坡不够，没有按照土的类别和坡度的容许值及规定的高宽比进行放坡，造成坍塌；

（2）基坑边坡顶部荷载超标或者由于振动，破坏了土体结构，造成滑坡；

（3）施工方法、开挖顺序错误，超标高挖土造成坍塌；

（4）支撑设置错误或未按规定拆除，排水措施不力等造成坍塌。

2. 基坑坍塌前的主要迹象

（1）周围地面出现裂缝，并不断扩展；

（2）支撑系统出现局部失稳或发出挤压等异常响声；

（3）支护结构的水平位移较大，并持续发展；

（4）大量水土不断涌入基坑；

（5）相当数量的锚杆螺母松动，甚至槽钢松脱等。

3. 基坑施工安全技术措施

基坑开挖之前要制定详细的技术措施和支护方案，支护设计方案需经公司总工程师审批，深度超过 5m 时还应组织专家论证。

基坑开挖应严格按照要求进行放坡或支护，施工时应随时注意土壁、支撑体系的变化情况，如发现有裂纹或部分坍塌现象，应立即停止施工并及时进行加固。

为保证基坑开挖的安全，基坑施工要结合支护结构形式、水文地质条件、基础施工方案等综合确定有效的降排水措施。当因降水而危害周边环境安全时，宜采用截水或回灌方法。降排水措施需一直持续到土方回填完毕为止。

基坑周围禁止超堆荷载，在基坑边堆放弃土、材料时应与坑边保持一定的距离，当土质良好时距基坑上边缘应不少于1.0m，堆置高度不超过1.5m。大中型施工机具距基坑边的距离，一般情况下不得小于1.5m。

在有支撑的基坑中使用机械挖土时，应采取必要的措施防止机械碰撞支护结构、工程桩或扰动基底原土。

基坑开挖之前应制定详细的监测方案，施工过程中要特别注意监测以下几种情况：

（1）支护体系变形情况，支护结构的开裂、位移，特别是桩位、护壁墙面、支撑杆、连接点及渗漏情况；

（2）基坑外地面沉降、隆起变形等；

（3）临时建筑物的动态。

当监测数据出现异常时，应立即停工，分析原因，采取相应加固措施，确认无塌方可能后方可继续施工。

拆除护壁支撑时，应按照回填顺序，从下而上逐步拆除。更换护壁支撑时，必须先安装新的，再拆除旧的。

二、脚手架工程安全管理

1. 脚手架搭设安全技术要求

脚手架搭设必须要有设计计算、图纸、方案、审批、安全交底，必须按照安全技术操作规程搭设。无论搭设哪种形式的脚手架，其所用材料和杆件必须符合相关要求，禁止使用不合格的材料和杆件，防止发生意外。

单排脚手架搭设高度不应超过24m，双排脚手架搭设高度不宜超过50m，高度超过50m的双排脚手架应采用分段搭设的措施。

搭设前应认真处理好地基，确保地基具有足够的承载力，垫木应铺设平稳，不能有悬空立杆（图5-24），避免脚手架发生整体或局部沉降。立杆基础应有良好的排水措施，不得水浸、渍泡。

脚手架搭设应确保架体整体平稳牢固，并具有足够的承载力。搭设时必须按规定的间距搭设立杆、横杆。一般情况下，钢管脚手架杆件间距不应大于2m。立杆离地面20cm处应设置纵、横向扫地杆。

图 5-24　脚手架有悬空立杆

图 5-25　剪刀撑的搭接

必须按规定设置剪刀撑、连墙件和支撑。架体外侧立面整个长度和高度上应连续设置剪刀撑，中间各道剪刀撑之间的净距不应大于 15m。剪刀撑的设置不应小于四跨，且不小于 6m。剪刀撑的搭设应随立杆、纵横向水平杆同步搭设（图 5-25）。架体与建筑物间的连接应牢固，50m 及以下脚手架按三步三跨设置拉结点，50m 以上脚手架按两步三跨设置，拉结点宜采用"梅花式"布置，楼层顶部必须设置一道拉结点。

脚手架的操作面必须满铺脚手板，不得有空隙和探头板。

搭设时，脚手架必须有供操作人员上下的阶梯或斜道，禁止施工人员攀爬脚手架。六级以上大风、大雨、大雪、大雾天气下应暂停脚手架的搭设及在脚手架上作业。

脚手架搭设完毕后，必须进行验收，合格后方可使用。

2. 脚手架使用日常管理

脚手架在使用过程中应严格控制荷载，结构架负荷不大于 $3000N/m^2$，装饰装修架负荷不大于 $2000N/m^2$，避免因荷载过大造成脚手架倒塌。

脚手架在使用过程中应定期检查，项目安全员还应不定时地进行巡视检查，检查的主要项目有：

（1）杆件的设置和连接，连墙件、支撑等的构造是否符合要求；

（2）地基是否有积水，底座是否松动，立杆是否悬空，扣件螺栓是否松动；

（3）高度在 24m 以上的脚手架，其立杆的沉降与垂直度偏差是否符合技术规范要求；

（4）架体的安全防护措施是否符合要求，是否有超载使用的现象等。

181

脚手架在使用过程中应派专人进行巡视和维护保养，确保脚手架的使用安全。出现下列情况后，应重新组织检查，检查合格后方可继续使用：

（1）连续使用达到6个月；

（2）施工中因故停止使用超过1个月，在重新使用之前；

（3）在遭受六级以上大风、大雨、大雪等恶劣天气之后，冻结地区解冻后；

（4）使用过程中发现有显著的变形、沉降，拆除杆件和拉结以及安全隐患存在的情况时。

脚手架在使用过程中不得随意拆除，如因施工需要确需拆除部分杆件时，需有相应的措施保证架体不倒塌且在经主管部门批准后进行。作业完成后应立即恢复。

3.脚手架拆除作业的安全管理

脚手架需经单位工程负责人检查验证并确认不再需要时，方可拆除。

脚手架拆除时，施工人员必须听从指挥，严格按照施工方案和操作规程进行拆除，防止脚手架大面积倒塌和物体坠落砸伤他人（图5-26）。作业区域周围应临时封闭并设立警示标志，禁止非操作人员入内，地面应有专人指挥。所有高处作业人员应严格按照高处作业安全规定执行，上岗后先检查加固松动部位，清理各层留下的材料、物件及垃圾。清理的物品应安全输送到地面，禁止高空抛掷（图5-27）。

图5-26　违章暴力拆架　　　　　　　　　图5-27　违章高空抛掷

脚手架的拆除应自上而下按层逐步拆除，先拆栏杆、脚手板和横向水平杆，再拆剪刀撑的上部扣件和接杆。拆除全部剪刀撑、抛撑以前，必须搭设临时加固设施，防止脚手架倾倒。脚手架拆至底部时，应先加设临时固定后再拆除。

拆除作业时要统一指挥，上下呼应，动作协调。当解开与另一人有关的结扣时，应先通知对方，防止坠落。长杆件的拆除，必须由 2～3 人协同作业。拆除纵向水平杆时，应该由站在中间的人向下传递，禁止向下抛掷。

连墙件的拆除必须随架体逐层拆除，禁止先将连墙件整层或数层拆除后再拆脚手架。

在脚手架拆除过程中，一般不允许中途换人，如必须换人时，应将拆除情况详细交代清楚后方可离开。

送至地面的材料应按照指定地点随拆随运，分类堆放，当天拆当天清，拆下的扣件或铁丝等材料要集中回收处理。

夜间作业应有良好的照明，遇大风、大雨、大雪等恶劣天气时，不得进行脚手架拆除作业。

三、模板工程安全管理

1. 模板设计

模板是新浇筑的混凝土成型用的模型，在拆除以前，它承受着钢筋与混凝土的自重、浇筑过程中产生的各种施工荷载等。因此，如果模板体系选用不当、模板设计不合理、模板安装不符合相关规定，均有可能造成支撑杆件失稳、模板系统坍塌等安全事故。

模板及其支架必须进行合理的设计，确保模板系统的安全稳定。模板宜优先选用定型化、标准化的模板支架和模板构件，以减少制作、安装工作量，提高重复利用率。

2. 模板安装安全技术要求

模板系统在安装前，应对模板的设计资料进行审查验证。进行安装时，必须以设计为依据，按预定的安装方案和程序进行。在模板安装前和安装过程中应注意以下问题：

（1）模板工程作业高度在 2m 及以上时，要有安全可靠的操作架子或操作平台，并按要求进行防护。操作架子或操作平台上不宜堆放模板，必须短时间堆放时，应码放平稳，数量必须控制在允许的荷载范围之内。

（2）五级及以上大风天气时，不宜进行预拼大块钢模板、台模架等露天吊装作业。雨雪停止后要及时清理模板及其支架上的冰雪和积水。

（3）在架空线路下安装钢模板时要停电作业，不能停电时应有隔离防护措施。钢模板高度超过 15m 时应考虑安装避雷设施。

（4）立柱间距应经计算确定，底部应设置木垫板，禁止使用砖及其他脆性材料铺垫。立柱的接长禁止搭接，必须采用对接扣件连接，相邻两根立柱的对接接头不得在同一水平面上且应错开至少 500mm。为保证立柱的整体稳定，在安装立柱的同时应加设水平拉结、剪刀撑、纵横向扫地杆等。

（5）夜间施工必须要有足够的照明，并制定夜间施工的安全措施。

3. 模板拆除安全技术要求

模板拆除前应办理拆模申请手续，在同条件养护试块强度达到规定要求后，技术负责人方可批准拆模。

各类模板拆除的顺序和方法要严格按照模板设计的要求执行。设计无要求的，按先支的后拆、后支的先拆、先拆非承重模板、后拆承重模板的顺序进行。

模板拆除不能采取猛撬以致大片塌落的方法。拆模作业区域应设置安全警戒线，禁止无关人员进入。拆下的模板应随时清理，操作层上临时拆下的模板堆放不能超过 3 层。多人同时作业时，应明确分工，统一行动。

四、拆除工程安全管理

拆除工程的单位，应在动工前向工程所在地县级以上建设行政主管部门办理相应手续，取得拆除许可证明。拆除工程应由具备资质的队伍承担，不得转包。需要变更施工队伍时，应到原发证部门重新办理拆除许可证。

建设单位应提供工程的相关图纸和资料，包括原施工过程中设计变更、使用过程中改建的资料，地上、地下建筑及设施分布情况资料。拆除作业单位应全面了解图纸和资料，进行实地勘察，评估拆除过程中对相邻环境可能造成的影响，编制专项施工方案，制定安全事故应急救援预案，成立应急救援组织机构，配备抢险救援器材。

拆除作业前应将被拆除工程的电线、燃气管道、上下水管道、供热管线等切断或迁移。电动机械应另设专用线路，禁止使用被拆建筑物中的电气线路。对作业人员应做好安全教育和安全技术交底。

拆除作业应严格按照施工组织设计进行，划定危险区域，在周围设置硬质围栏和警示标志，并派专人监护，防止无关人员进入，夜间应设红灯示警。

拆除作业通常应自上而下对称进行，不得数层同时拆除。当拆除其中一部分时，应先采取加固措施防止另一部分倒塌。在高处进行拆除时要设置溜放槽，较重的材料要用吊绳或起重机械吊运，禁止向下抛掷。拆卸下的各种材料应及时清理，分别堆放在指定的场所。作业过程中发现不明物体，应停止施工，采取相应措施，及时向有关部门报告。

在居民密集点、交通要道进行拆除作业的，脚手架需采用全封闭形式，并搭设防护隔离棚，脚手架应与被拆除物的主体结构同步拆下。

从事拆除作业的人员应戴好安全帽，高处作业时系好安全带，进入危险区域应采取严格的防护措施。遇有五级以上大风、大雾、大雨、大雪等恶劣天气时，禁止进行露天拆除作业。

五、预防临时建筑倒塌的主要措施

临时建筑的选址要符合安全性要求，且应充分考虑周边工程地质、水文地质情况，是否符合施工现场总平面图布置的要求。临时建筑外侧为街道或人行通道的，施工单位应采取加固措施，禁止在施工围墙墙体上方或紧靠施工围墙架设广告牌或宣传标牌。

施工人员宿舍与周边堆放的建筑材料、设备、建筑垃圾以及施工围墙之间应保持足够的安全距离。

现场的围墙内外禁止堆放建筑材料、建筑垃圾和中小型机械设备。

【案例导入】

案例一：某广场基坑坍塌事故

某大型公共建筑，基坑周长约 350m，实际开挖深度 20.3m，基坑东侧 5.5m 外为地铁隧道。该基坑 2017 年 10 月 31 日在未领取建筑工程施工许可证的情况下开始施工，也没有监理人员进场。工程施工期间多次停工，直到 2020 年 7 月 7 日才由市建委发给建筑工程施工许可证，7 月 15 日完成基坑施工，历时约 2 年 9 个月。2020 年 7 月 21 日中午，基坑南边发生滑坡，不仅基坑东南角的斜撑掉落，导致东边约 20m 深的支护悬空，对地铁产生严重威胁，而且南面××宾馆的基础桩折断滑落、承台脱空，导致楼房近基坑侧边跨坍塌，住宅楼近基坑边桩基外露并发生变形。

事故原因分析：

1. 导致事故发生的直接原因

（1）施工与设计不符，基坑施工时间过长，基坑支护受损失效。该基坑原设计深度只有 17m，2019 年 7 月设计深度变更为 19.6m，而实际基坑局部开挖深度为 20.3m，超挖 3.3m，造成原支护桩（深度 20m）变为吊脚桩；同时该基坑施工时间长达 2 年 9 个月，基坑暴露时间大大超过临时支护期限为 1 年的规定，致使开挖地层软化、钢构件锈蚀和锚杆（索）锚固力降低，导致基坑支护严重失效，构成重大事故隐患。

（2）在基坑开挖深度内的岩层中存在强风化软弱夹层，而且南侧岩层向基坑内倾斜，软弱强风化夹层中有渗水流泥现象，客观上存在不利的地质结构面。施工期间发现上述情况后，虽然设计方对基坑南侧西段做了加固设计方案，施工方也进行了加固施工，但对基坑南侧中段，设计方和施工方均未能及时有效地调整设计方案和施工方案，错过排除险情的时机，给该基坑工程留下严重的安全隐患。

（3）基坑坡顶严重超载。2020 年 7 月 17 日至事发当日，土方运输公司在南侧坑顶进行土方运输施工。基坑坡顶边放置有汽车吊 1 台（自重 23t）、履带反铲挖掘机 1 台（自重 17t）和 1 辆自卸车（满载自重 25t），致使基坑南边支护平衡被打破，坡顶出现开裂。

（4）基坑南侧在坍塌前已有明显征兆。监测方虽然提供了基坑水平位移监测数据但未做分析提示，建设单位只被告知变形数值但也未予以重视，没有及时对基坑采取有效加固处理。当存在不利的外荷载作用时，就引发了失稳坍塌事故。

2. 导致事故发生的间接原因

（1）建设单位无视有关法规，未领取施工许可证擅自通知施工单位施工；未经招标擅自将基坑工程直接发包；未将施工图设计文件组织专家审查而擅自使用；未及时委托工程监理单位进行监理；未及时在开工前办理工程质量监督手续；违法将土石方外运发包给没有相应资质等级的公司；故意逃避政府相关职能部门的监管，经多次责令停工后仍继续违法施工；对有关单位报告的基坑变形安全隐患未给予足够重视，对重大安全事故的发生负主要责任。

（2）设计单位未能认真落实安全责任。在基坑支护结构设计文件中没有提出保障施工作业人员安全和预防生产安全事故的措施建议，致使主体结构条形基础开挖到 20.3m 后基坑出现安全隐患问题，并且没有提出有效的防护措施进行加固排险，对重大安全事故的发生负有重要的管理责任。

（3）施工单位不认真落实安全生产管理责任，严重违法施工。

（4）监测单位不认真落实安全生产管理责任，违反监测工作流程，没有制定和落实监测工作规程和制度，对重大安全事故的发生负有重要的质量管理责任。

（5）有关主管部门履行职责不严格，监管不得力，未能及时有效地制止违法建设行为。

案例二：某工程模板坍塌事故

某电视台投资建设的演播大厅工程发生坍塌事故。该工程地下 2 层，地上 18 层，建筑面积 3.4 万 m^2，采用现浇框架 - 剪力墙结构，其中大演播厅总高 38m，面积 $624m^2$，采用钢管和扣件搭设模板支撑系统。模板支架搭设时没有施工方案，没有图纸，没有进行技术交底，在搭设完毕后未按照规定进行整体验收就开始浇筑混凝土。浇筑过程中模板支架系统整体倒塌，屋顶模板上正在浇筑混凝土的工人随塌落的支架和模板坠落，造成 6 人死亡，11 人重伤。

事故原因分析：

1. 导致事故发生的直接原因

（1）支架搭设不合理，水平连系杆严重不够，底部未设置扫地杆，从而使主次梁交接区域单杆受荷过大，引起立杆的局部失稳。

（2）屋盖下面模板支架与周围结构固定联系不足，加大了顶部的晃动。

（3）梁底模的木方放置方向不妥，导致大梁的主要荷载传至梁底中央立杆，并且该排立杆的水平连系杆不够，承载力不足，加剧了局部失稳。

2.导致事故发生的间接原因

（1）施工组织管理混乱，安全管理失去控制，模板支架搭设没有专项施工方案，没有图纸，没有进行专项技术交底，施工中没有自检、互检，搭设过程中没有组织验收。

（2）施工现场技术管理混乱，对大型、复杂、重要的混凝土结构工程的模板没有按照规定程序进行施工，支架搭设无施工方案，缺乏必要的计算书、细部构造大样图等，现场支架搭设未按规范施工。

（3）监理公司派驻工地的总监理工程师没有监理资质，监理方没有对支架搭设过程严格把关。在没有对模板支撑系统的施工方案审查认可的情况下即开始施工，没有监督模板支撑系统的验收就签发了混凝土浇筑令，严重失职。

（4）公司领导安全生产意识淡薄，对各项规章制度执行情况监管不力，对重点部位的施工技术管理不严。施工现场用工管理混乱，部分特种作业人员无证上岗作业，对工人没有认真进行三级安全教育。

（5）施工现场支架钢管和扣件在采购、租赁过程中质量管理把关不严，部分钢管和扣件质量不符合相关标准。

（6）建筑管理部门对该建筑工程执法监督和检查指导不力，对监理公司的监督管理不到位。

案例三：某边坡支护坍塌事故

2019年4月27日，××省××市××有限公司基坑边坡支护工程施工现场发生一起坍塌事故，造成3人死亡、1人轻伤，直接经济损失60余万元。

该工程拟建场地北侧为东西走向的自然山体，坡体高12～15m，长145m，自然边坡坡度1：0.7～1：0.5。边坡工程9m以上部分设计为土钉喷锚支护，9m以下部分为毛石挡土墙，边坡总面积为2000m²。其中毛石挡土墙部分于2007年3月21日由施工单位分包给私人劳务队（无法人资格和施工资质）进行施工。

4月27日上午，5名施工人员人工开挖北侧山体边坡东侧5m×1m×1.2m的毛石挡土墙基槽。16时左右，自然地面上方5m处坡面突然坍塌，除在基槽东端作业的1人逃离之外，其余4人被坍塌土体掩埋。

根据事故调查和责任认定，对有关责任方做出以下处理：项目经理、现场监理工程师等责任人分别受到撤职、吊销执业资格等行政处罚；施工、监理等单位分别受到资质降级、暂扣安全生产许可证等行政处罚。

事故原因分析：

（1）直接原因

①施工地段地质条件复杂。经过调查，事故发生地点位于河谷区与丘陵区交接处，北侧为黄土覆盖的丘陵区，南侧为河谷地 2 级及 3 级基座阶地。上部土层为黄土层及红色泥岩夹变质砂砾，下部为黄土层黏土。局部有地下水渗透，导致地基不稳。

②施工单位在没有进行地质灾害危险性评估的情况下，盲目施工，也没有根据现场的地质情况采取有针对性的防护措施，违反了自上而下分层修坡、分层施工的工艺流程，从而导致了事故发生。

（2）间接原因

①建设单位在工程建设过程中，未作地质灾害危险性评估，且在未办理工程招标投标、工程质量监督、工程安全监督、施工许可证的情况下组织开工建设。

②施工单位委派不具备项目经理执业资格的人员负责该工程的现场管理。项目部未编制挡土墙施工方案，没有对劳务人员进行安全生产教育和安全技术交底。在山体地质情况不明、没有采取安全防护措施的情况下冒险作业。

③监理单位在监理过程中，对施工单位资料审查不严，对施工现场落实安全防护措施的监督不到位。

案例四：杭州地铁坍塌事故

1. 事故经过

2018 年 11 月 15 日 15 时许，××地铁站工地突然发生大面积地面塌陷，形成长 75m、宽 20m、深 15m 的塌陷坑，路面地基下陷 6m。

此次事故中，11 辆正在行驶的车辆坠入坑中，造成 17 人死亡，4 人失踪，多人受伤。18 条电缆断电，地下自来水管、污水管断裂，附近湖水倒灌入基坑，西侧地下连续墙出现裂缝，东侧地下连续墙向西倾斜。周围 7 处居民楼成为危房需拆除，附近小学停课 3 天。××地铁各施工工地全部停工进行安全检查，至 11 月 24 日陆续复工。

2. 事故原因

（1）隧道施工采用了不合格的被覆（一种预制构件，在开挖隧道时要边挖边将其顶到隧道壁上做好支撑，以防止隧道壁的土层掉落）。由于被覆强度不足，无法支撑上部土体重量以及路面的荷载，隧道发生部分坍塌，接着西侧地下连续墙外倾，致使大型支撑体系缺少一端支撑而下落。

（2）施工区域土体偏软，地下水位较高，近期多日大雨导致地下水状态改变，从而影响土体状态，地基土发生流砂现象，西侧地下连续墙底部处于真空状态，导致地下连续墙下沉倾斜。

（3）基坑的围护结构施工存在很多问题，如：现场未能及时排水，内外压力差较大；隧道支撑不及时，每隔 3m 左右就需要架设支撑，支撑做好后再继续向前挖，而在此次施工中，土方开挖深度已经超过了 3m，支撑还没有架设；东西两侧墙面没有做好地面连接，U 形墙的地面结构底部缺了一道口，墙面承受了过大的外侧压力；隧道开挖太深太快。这些问题都成了基坑的安全隐患。

（4）碍于融资成本的压力，赶工期现象严重。

（5）安全管理疏忽，工人缺少必要的安全培训。

（6）工程的前期规划设计存在问题，存在边施工边规划的现象。××地铁一号线在钱塘江南岸的走向经历了多次规划方案的调整，开始施工后路线仍有所变动，领导的意见代替了科学的决策分析。

3. 事故教训

（1）基坑必须先撑后挖，开挖必须分层、分段，开挖时间不能过长，每次分层开挖深度控制在 3m，分段开挖长度保证在 15 ~ 20m，并把握好支撑的细节，基坑的变形应控制在受控范围内。

（2）施工时应做好基坑内外的防水措施，阻止地下水流入基坑，雨天应及时排水，防止流砂。

（3）增加安全管理防范措施，完善各项安全管理制度并严格执行。

【学习思考】

1. 某建筑公司在月度安全检查中，发现脚手架搭设存在如下问题：①超过 20m 高的脚手架没有搭设方案，无审批手续；②采用的分段整体提升脚手架未经审查批准；③部分脚手架材料规格不一；④搭设架子的基础多处不平整，个别立杆悬空等。为了避免施工中引发脚手架坍塌事故伤害作业人员，下列做法正确的有（   ）。

    A. 脚手架立即停止使用

    B. 补做脚手架方案的设计、审批、检查验收工作

    C. 脚手架方案可以不做

    D. 根据脚手架材料、规格分类使用

    E. 有针对性地解决个别立杆悬空问题

2. 关于人工拆除作业的做法，正确的有（   ）。

    A. 从上往下施工

    B. 逐层分段进行拆除

    C. 梁、柱、板同时拆除

    D. 可燃气体管道和主体结构同时拆除

    E. 拆除后的材料集中堆放在楼板上

3. 基坑坍塌的主要原因有哪些？基坑在坍塌前一般会出现哪些迹象？

4. 某项目二期扩建工程未编制模板支撑系统安全专项施工方案，施工人员也没有取得相应的上岗资格证书，完全凭经验做法搭设。施工人员在搭设模板支架系统时，没有设置剪刀撑，也没有设置扫地杆，支撑系统相邻两根立杆都有接头且在同一水平面上的现象较普遍。由于投资偏少，现场使用的钢管的壁厚、扣件的质量略低于国家标准的要求。浇筑混凝土的过程中，模板支撑突然失稳，发生整体倾斜后坍塌。试根据以上材料，分析该项目做法的不妥之处，并说明理由。

5. 项目部规定对脚手架杆件的设置和连接，连墙件、支撑的构造，地基是否积水，底座是否松动，立杆是否悬空等内容进行定期重点检查。除了以上内容外，脚手架定期检查的内容还有哪些？

6. 某工地安全员检查架子时发现，大部分连墙件已于外墙粉刷时拆除了，架子已有变形，考虑到工程基本结束，脚手架不再需要，安全员下达了脚手架拆除的通知。他要求架子工班组立即开展拆除工作，并口头交代了有关事

项，特别指出了在拆除过程中要注意下方走动人员的安全，以及尽量避免影响建筑物周围地面上其他附属工程的施工。通过以上材料，试分析该工地做法的不妥之处，并说明理由。

7. 某工程采用落地式钢管脚手架，架体搭设完毕后经过了检查才投入使用。架体使用 6 个月时，项目部决定对架体重新组织检查。该项目部的做法是否合理？脚手架在哪些情况下需要重新组织检查，确认合格后方可继续使用？

【实践活动】

码 5-7　单元 5.4
学习思考参考答案

1. 某项目部主体结构已经完工，拟对脚手架进行拆除，根据你自己的理解，编制一份脚手架拆除安全技术交底。

2. 观看坍塌事故的典型案例视频，谈谈自己对事故的看法。

单元 5.5　物体打击事故防范

码 5-8　单元 5.5
导学

> 通过本单元的学习，学生可以：掌握物体打击事故的相关知识，找出事故隐患，防范物体打击事故的发生。

物体打击事故（图 5-28、图 5-29）是指建筑施工过程中，砖石块、工具、材料、零部件等从高处下落以及崩块、锤击、滚石等对人体造成的伤害，不包括由爆炸引起的物体打击。

物体打击事故的发生具有一定的偶然性，容易被管理者和施工人员所忽视，因此防范措施相对薄弱，事故一般多为机械故障或施工人员违章操作引起。在建筑施工中，物体打击事故是造成施工人员伤害的重要因素之一，也是事故防范的重点。

一、物体打击事故产生的原因

1. 现场管理混乱

施工现场不按规定堆放材料、构件和机械设备；各施工队伍交叉作业，

图 5-28　物体打击事故　　　　　　　图 5-29　物体打击应急救援

作业环境不安全；施工现场临边、洞口没有安全防护措施或防护不到位；作业人员没有个人防护用品或防护用品使用不正确等。

2. 安全管理不到位

施工作业场所的物品、材料随意放置导致高空坠落；模板、脚手架等拆除作业时，下方有其他人员经过或作业等。

3. 机械设备不安全

起重机械制动系统失灵，钢丝绳、销轴、吊钩断裂，起吊物体时绑扎不牢等。

4. 施工人员违章操作或无证操作

二、交叉作业安全防护

所谓交叉作业，就是在施工现场的上下不同层次，于空间贯通状态下同时进行的高处作业。

施工现场上部搭设脚手架、吊运物料，地面上的人员搬运材料、制作钢筋，或外墙装修下面打底抹灰、上面进行面层装饰等，都是施工现场的交叉作业。交叉作业中，若高处作业不慎碰掉物料，失手掉下工具或吊运物体散落，都可能砸到下面的作业人员，发生物体打击伤亡事故。

进行交叉作业时，必须遵守下列安全规定：

支模、砌墙、粉刷等工种，在交叉作业中，不得在同一垂直方向上下同时操作。下层作业的位置，必须处于依上层高度确定的可能坠落范围半径之外。如果不能确保这一要求，应设置能防止坠物伤害下方人员的防护层。

拆除脚手架与模板时，下方不得有其他操作人员。拆下的模板、脚手架等部件，临时堆放处离楼层边沿应不小于1m，堆放高度不得超过1m。楼层边口、通道口、脚手架边缘等处，严禁堆放拆下的物件。

三、操作平台安全防护

移动式操作平台台面不得超过10m²，高度不得超过5m，台面脚手板要铺满钉牢，四周应设置防护栏杆。平台移动时，作业人员必须下到地面，不允许带人移动平台。

悬挑式卸料钢平台（图5-30）的设计应符合结构设计规范，周围应安装防护栏杆。平台安装时不得与脚手架等施工设备拉结，必须与建筑结构拉结。平台使用期间禁止拆除钢丝绳的紧固件、槽钢、预埋钢筋的木楔等。

图5-30　悬挑式卸料钢平台

卸料平台使用时，应有专人进行检查，发现钢丝绳有锈蚀、损坏应及时更换。上料时应轻放堆载物，严禁物料长时间堆放在平台上。六级及以上大风、大雨天应停止卸料平台作业，雨后应将积水清除，并仔细检查确认安全后方可上人操作。

卸料平台上应显著标明能承载的操作人员和物料的总重量，使用过程中应严格控制荷载，不得超过设计值。

四、通道口安全防护

结构施工从二层开始，凡人员进出的通道口（包括井架、施工电梯的进出通道口），均应搭设安全防护棚。建筑高度超过24m的层次上的交叉作业，应设双层防护设施。

进出建筑物主体通道口上方的防护棚（图 5-31），棚宽应大于通道口，两端各宽出 1m，垂直高度应视建筑物的高度而定，符合坠落半径的尺寸要求。防护棚顶部材料可采用 5cm 厚木板或相当于 5cm 厚木板强度的其他材料，若采用脚手片，棚顶应搭设两层，间距应大于 30cm，铺设方向互相垂直。防护棚上部严禁堆放材料。

场地内、外道路中心线与建筑物（或外架）边缘距离分别小于 5m 和 7.5m 的，应搭设通道防护棚（图 5-32），棚顶搭设两层（采用脚手片的，铺设方向应互相垂直），间距大于 30cm，底层下方应张挂安全网。

图 5-31　通道口防护棚

图 5-32　通道防护棚

由于上方施工可能坠落物体，以及处于起重机把杆回转范围之内的通道，其受影响的范围内，必须搭设顶部能防止穿透的双层防护廊或防护棚。

钢筋加工等场地应搭设简易防护棚。各类防护棚应有单独的支撑体系，严禁用毛竹搭设，且不得悬挑在外梁上。

【案例导入】

案例一：钢管坠落打击事故

2019 年 8 月 30 日上午 6 时 30 分，某项目部架子工班组工人蒋 ×× 与马 ×× 在四号楼 18 ~ 19 层进行外脚手架拆除作业。在对第 5 根剪刀撑钢管进行拆除时（此时蒋 ×× 在 19 层位置，马 ×× 在 18 层位置），两人约好先由蒋 ×× 解开最上方扣件并抓住钢管，待马 ×× 解开剩下的三个扣件后一起将钢管抬出。7时5分，马××在解开最后一个扣件时，以为蒋××抓着钢管（此时蒋××没有抓住钢管，也没有告诉下方的马××），致使该6m长的钢管坠落。另一分包公司的水电工班组曹××等3名工人正好从四号楼下经过去上班，坠落的钢管刚好砸中曹××头部，而曹××并没有佩戴安全帽，致使其头部大出血，经医院抢救无效死亡。

事故原因分析：

1. 人的不安全行为

根据该工程的脚手架拆除方案，要求"拆除大横杆、斜撑、剪刀撑时，应先拆中间扣件，然后托住中间，再解头扣；拆架时，作业区周围设置围栏并树立警示标志，地面派专人指挥；拆除时要统一指挥，上下呼应，动作协调，当解开与另一人有关的结扣时，应先通知对方，以防坠落"。显然，架子工蒋××与马××存在违章操作行为，致使钢管从18层坠落，砸中下方路过没有佩戴安全帽的曹××头部。

蒋××、马××违章操作和曹××没有佩戴安全帽进入施工区域的不安全行为是导致事故发生的直接原因之一。

2. 物的不安全状态

根据该工程的脚手架拆除方案要求，四号楼前地面上虽设有警戒线，但警戒范围过小，不符合安全距离的要求，且地面没有设专人指挥，是造成事故发生的直接原因之一。

3. 导致事故发生的间接原因

（1）施工单位未认真落实安全生产责任制，安全管理工作流于形式，对架子工违章操作未能及时发现并制止，安全警戒线的设置不符合实际安全要求，没有要求架子工班组派专人进行现场安全监管，对工人安全生产教育培训不够。

（2）分包单位未认真落实安全生产责任制，安全管理工作流于形式，对工人尤其是新工人安全生产教育培训不到位，没有及时给工人发放安全帽等安全防护用品，新工人未经过三级安全教育就上岗，对工人没有佩戴安全帽进入施工区域未能及时制止。

（3）监理单位没有切实履行好监理职责，现场安全监管不到位，没有及时掌握施工进程，对工人违章行为未能及时制止。

案例二：物体打击事故

1. 事故经过

某项目一期工程，总建筑面积 59494.2m²，合同造价 6700 余万元。2020 年 5 月 15 日，该工程 I 标段的西 2 号楼已经施工到 14 层（总 31 层，地下 1 层）。当日，12 层正在进行钢管转运。两名工人在卸料平台上正准备绑扎钢管进行转运时，固定反拉卸料平台钢丝绳的一根预埋钢管发生折弯，卸料平台向右侧倾斜，平台上的 2 名工人和堆放在平台上的钢管一同坠落，砸中正在下方作业的 3 名工人，造成 5 人死亡，直接经济损失 195 万余元。

2. 事故原因

直接原因：

钢管转运人员盲目进行堆放作业，卸料平台上堆放的钢管总重量超过卸料平台规定荷载的 2.37 倍，造成固定卸料平台斜拉钢丝绳的预埋钢管发生折弯，导致卸料平台倾斜。

该卸料平台位于第 12 层，它的主要支撑构件是两根套在第 13 层预埋钢管上的斜拉钢丝绳。为防止钢丝绳滑脱，预埋钢管上一般应设置直角扣件，钢丝绳应该套在直角扣件的下方。经过对现场的勘察发现：事故发生前，卸料平台垮塌一侧的钢丝绳套在直角扣件的上方。当套在预埋钢管上的钢丝绳因为卸料平台超重而导致折弯时，由于没有直角扣件的约束，钢丝绳从预埋钢管上直接滑脱。

间接原因：

（1）施工现场安全管理不到位。转运钢管前，没有进行安全技术交底；对于卸料平台超重以及起重物下方交叉作业等违规行为，没有制止；以包代管，将卸料平台交给不具备特种作业资格的人员搭设。

（2）施工现场安全责任不落实。卸料平台搭设后，没有按照规定进行安全检查和验收，安全隐患没有及时被发现；施工人员转运钢管时，现场安全管理人员没有到位；没有按照国家有关规定对从业人员进行必要的安全教育，违规安排无特种作业资格的人员上岗作业。

3. 事故教训

（1）通过对事故原因的分析，建筑施工企业应该落实施工现场的安全生产责任制。同时，应做好安全技术交底工作，加强对施工现场人员的安全教育培训。

（2）施工现场是一个集中了大量材料、人员、机械设备的生产场所，而且施工过程中避免不了空间、时间上的交叉作业。采取切实有效的措施确保交叉作业过程中施工人员的安全是现场安全管理的一个重点。

（3）卸料平台是施工现场材料转运处，其设计是否合理，安装是否可靠，使用管理是否符合要求，不仅关系到施工生产能否顺利进行，更直接影响生产安全。卸料平台应该在明显处注明限定质量及使用要求，严禁超载。

（4）高处作业要有专门的安全技术措施，要编制专项安全防护方案；严格安全检查和安全设施验收制度，对查出的问题要及时整改到位。

（5）加强对作业人员的安全教育，切实提高从业人员的安全意识和技能；加强劳务队伍的安全管理，坚决杜绝"以包代管"等现象。

【学习思考】

1. 简单说说预防物体打击事故的安全防范措施。

2. 简述模板、脚手架拆除时，交叉作业的安全控制要点。

3. 设备安装过程中，项目部使用钢管和扣件临时搭设了一个高 6m、台面面积 15m^2 的移动式平台，用于设备安装作业。该做法是否合理？请说明理由。

4. 某工程瓦工班组在楼顶西侧砌筑水箱间的保温层，砌完后班组长让工人把剩下的砌块挪到南侧。马×× 站在女儿墙内向下传递砌块，朱×× 站在 18 层的雨罩上接砌块，并沿雨罩外侧码放。码放至 3 层时，由于雨罩上不平整且堆有其他杂物，一块砌块被朱×× 碰落了下去。砌块从 18 层雨罩落下，穿透下端安全网的缝隙，恰好砸中正在下方 8 层吊篮内施工的工人，经医院抢救无效死亡。试简单分析这起事故发生的原因。

码 5-9　单元 5.5
学习思考参考答案

198

【实践活动】

观看物体打击事故的典型案例视频，谈谈你自己的看法。

单元 5.6　机械伤害事故防范

码 5-10　单元 5.6 导学

> 通过本单元的学习，学生可以：掌握机械伤害事故的相关知识，找出事故隐患，防范机械伤害事故的发生。

机械伤害（图 5-33）是指机械做出强大的功能作用于人体的伤害。机械伤害事故的形式异常惨烈，如搅死、挤死、压死、碾死等，有时甚至血肉模糊。当发现有人被机械伤害的情况时，虽然及时紧急断电或停车，但因为设备惯性的作用，仍可能对受害者造成严重的伤害，甚至死亡。

图 5-33　机械伤害事故

随着施工技术的不断进步，施工现场的机械越来越多，如钢筋加工机械、钢筋连接机械、木工机械、起重机械、垂直运输机械、桩工机械、土方机械、混凝土搅拌及振捣机械、手持电动工具、车辆等。每一种机械如果操作不当都会对施工人员造成严重的伤害。

一、预防机械伤害的一般规定

机械设备必须做到定岗位及岗位职责、定机管理、定期保养、定人操作、定人检查和维修保养。

机械设备应完好无损，必须要有可靠有效的安全防护装置方能开动使用。不允许带病运转，不允许超负荷运转，不允许在运转时维修保养。

机械设备运行时，操作人员严禁将头、手、身体等伸入运转的机械行程范围之内。不懂电器和机械的人员禁止使用和接触机械设备。

对机械设备进行清理、检查、维修，操作人员停工休息或短时间离开时，机械设备必须拉闸关机，切断电源，锁好开关箱。

二、物料提升机安全管理

物料提升机的安装和拆卸应该由具有起重设备安装工程承包资质的单位进行，操作和维修人员应持证上岗。物料提升机安装后，应进行检查验收，确认合格发给使用证后，方可交付使用。

作业前应检查防坠安全器、各种行程限位开关等安全保护装置是否完整齐全、灵敏可靠，不允许随意调整和拆除。

使用过程中应每月定期检查。专职司机在班前也应进行日常检查，在确认一切正常后，方可投入作业。发现安全装置、通信装置失灵时，应该立即停机修复。作业过程中，不得随意使用限位装置。

提升机应该由专职司机操作，司机应该经过专门培训且考试合格后持证上岗。作业时，应该使用通信装置联系，信号不清楚禁止开机。作业过程中无论任何人发出紧急停车信号，司机都应立即执行。

提升机要按规定做好日常维护和保养。使用中要经常检查钢丝绳、滑轮等的工作情况，如发现严重磨损，应按照有关规定及时更换。当钢丝绳达到以下标准时，应强制更换：

（1）钢丝绳断丝数达到相应规范规定或断股；

（2）钢丝绳表面磨损或腐蚀，致使直径减少20%及以上；

（3）钢丝绳失去正常状态，产生波浪形、绳股挤出、钢丝挤出、绳径局部增大或减少、被压扁、扭结、弯折等变形情况。

物料在吊笼内应均匀分布，不得超出吊笼。禁止超载使用，禁止人员乘坐吊笼上下，吊笼下方禁止人员停留或通过。

没有切断总电源开关前，司机不得离开操作岗位。下班前，应将吊笼降至最低位置，各控制开关拨至零位，切断电源，锁好开关箱。

三、施工升降机安全管理

施工升降机的安装和拆卸应该由具有起重设备安装工程承包资质的单位进行，操作和维修人员应持证上岗。安装后，应进行检查验收，确认合格发给使用证后，方可交付使用。应按规定做好日常维护和保养。

升降机应按规定单独安装接地保护和避雷装置。底笼周围 2.5m 范围内，必须设置稳固的防护栏杆。楼层平台通道应平整牢固，出入门应设防护门，出入口的栏杆应安全可靠。

作业前应检查防坠安全器、各种行程限位开关等安全保护装置是否完整齐全、灵敏可靠，不允许随意调整和拆除。还应对各结构件、连接点、钢丝绳等进行仔细检查，确认正常后才能投入运行。

升降机在每班首次载重运行时，应该从最底层上升，严禁自上而下。当吊笼升离地面 1m 左右时，要停车试验制动器的可靠性，确认正常方可继续运行。使用过程中，如发现机械有异常情况，应立即停机并采取有效措施将吊笼就近停靠楼层，排除故障后方可继续运行。

升降机应该由专职司机操作，司机应该经过专门培训且考试合格后持证上岗。启动前应鸣笛示警，吊笼内乘人或载物时，荷载应均匀分布，防止偏重，禁止超载运行。

当升降机运行到最上层或最下层时仍应操纵按钮，不得用行程限位开关作为停止运行的控制开关。

六级及以上大风、大雨、大雾天气以及导轨架、电缆结冰时，升降机应停止运行，且应将吊笼降至底层，切断电源。

没有切断总电源开关前，司机不得离开操作岗位。下班前，应将吊笼降至底层，各控制开关拨至零位，切断电源，锁好开关箱，闭锁吊笼门和围护门。

四、塔式起重机安全管理

塔式起重机应在其基础验收合格后进行安装。安装和拆卸应由具有起重设备安装工程承包资质的单位进行，操作和维修人员应持证上岗。安装后，应进行检查验收和试吊，确认合格发给使用证后，方可交付使用。应按规定做好日常维护和保养。

塔式起重机的金属结构、轨道应有可靠的接地装置，高位塔式起重机应设置防雷装置。

作业前应检查变幅限位器、力矩限制器、起重量限制器、钢丝绳防脱装置、各种行程限位开关等安全保护装置是否完整齐全、灵敏可靠，不允许随意调整和拆除。还应进行空载运转，试验各工作机构并确认运转正常后方可作业。

塔式起重机应该由专职司机操作，并配专职指挥人员。司机和指挥人员应经专门培训且考试合格后持证上岗。司机应按指挥信号进行操作，信号不明时应暂停操作。作业过程中无论任何人发出紧急停车信号，司机都应立即执行。操纵各个安全控制器时，要依次逐级操作，严禁越挡操作。操作时力求平稳，禁止急开急停。

停机时应将吊钩提升到离臂杆顶端 2m 左右，臂杆转至顺风方向且松开回转制动器，将每个控制器拨回零位，依次断开各开关，切断电源总开关，打开高空障碍灯，关闭操作室门窗。轨道式塔式起重机还应锁紧夹轨器，使起重机与轨道固定。

在塔式起重机内爬升过程中，严禁进行起升、回转、变幅等各项动作。

五、起重吊装安全管理

起重吊装作业前，必须对工作现场环境、行驶道路、架空线路、建筑物以及构件重量和分布情况等进行全面了解，采取必要的安全保护措施。作业时，应该有足够的工作场地，起重臂起落和回转半径内应无障碍物。

作业前应检查起重机的变幅指示器、力矩限制器、各种行程限位开关等安全保护装置是否完整齐全、灵敏可靠，不允许随意调整和拆除。起重机使用的钢丝绳，其结构形式、规格和强度必须符合起重机的要求，并要有制造厂的技术证明文件。每班作业前，应对钢丝绳所有可见部分及钢丝绳连接部位进行检查，如有问题及时更换。

起重吊装作业前，应根据相关要求划定危险作业区域，配备监护人员，设置醒目的警示标志，防止无关人员进入。

操作人员在进行起重机回转、变幅、行走或吊钩升降等动作前，应该鸣声示意。操作时应严格执行指挥人员的信号命令，无指挥或信号不清时不准起吊。起重作业时，重物下方不得有人停留或通过。

起重机械必须按规定作业，不得超载和起吊不明质量的物件。禁止使用起重机进行斜拉、斜吊，禁止起吊地下埋设物或凝结在地面上的重物，禁止用起重机运载人员。

起重机在起吊满荷载或接近满荷载的重物时，应先将重物吊离地面20～50cm，仔细检查起重机的稳定性、制动器的可靠性、重物的平稳性、绑扎的牢固性后，经确认无误方可再次提升。

六级及以上大风、大雨、大雪、大雾等恶劣天气，应停止起重机露天作业。雨雪天作业时，应先经过试吊，确认制动器灵敏可靠后方可进行作业。

六、钢筋机械安全管理

1. 钢筋调直机

钢筋调直机作业前应用手转动飞轮，检查传动机构和工作装置，调整间隙、紧固螺栓，确认正常后，启动空运转，检查轴承有无异响、齿轮啮合是否良好，待运转正常后方可作业。

调直块未固定、防护罩未盖好不得送料。作业中禁止打开各部防护罩及调整间隙。导向筒前应加装一根钢管，钢筋必须先穿过钢管再送入调直前端的导孔内。钢筋送入后，手与曳轮、压辊必须保持一定的距离。

作业后应松开调直筒的调直块，并回到原来位置，预压弹簧必须回位。

2. 钢筋切断机

钢筋切断机作业前应先检查机械，切刀应无裂纹、刀架螺栓紧固、防护罩牢靠完整，然后用手转动带轮，检查齿轮啮合间隙，调整切刀间隙。启动后应先空运转，检查各传动部分及轴承运转情况。机械没有达到正常转速时不得切料。钢筋切断应在调直之后进行，切料时应使用切刀的中、下部位，紧握钢筋对准刃口迅速送入。

切短料时，手和切刀之间应保持150mm以上的距离。如手握端太小，可用套管或夹具将钢筋短头压住或夹牢。

机械运转过程中，禁止用手直接清除切刀附近的断头和杂物。钢筋摆动周围及切刀附近，非操作人员不得停留。

3. 钢筋冷拉机

钢筋冷拉机的冷拉场地需在两端地锚外侧应设置警戒区，并装设防护栏杆和警告标志，禁止无关人员停留。

作业前应检查冷拉夹具，夹齿必须完好，滑轮、拖拉小车应灵活，拉钩、地锚、防护装置应齐全牢固。

操作人员必须看到指挥人员发出的信号，并待所有人员离开危险区域后方可作业。操作人员在作业时必须离开钢筋至少2m。冷拉应缓慢、均匀地进行，随时注意停车信号，如有人进入危险区域应立即停止冷拉。

用延伸率控制的装置，必须设置明显的限位标志，并应派专人指挥。

作业完毕后，应放松卷扬机钢丝绳，落下配重，切断电源，锁好开关箱。

4. 钢筋弯曲机

钢筋弯曲机作业前应先检查芯轴、挡铁轴、转盘是否损坏、是否有裂纹，防护罩是否紧固可靠，经空运转确认正常后方可作业。

作业中禁止更换轴芯、成型轴、销子，禁止变换角度及调速作业，禁止加油和清扫。改变工作盘旋转方向，必须在停机后进行。

作业半径内及机身不设固定销的一侧禁止站人。

七、木工机械安全管理

1. 平刨

平刨在使用时主要是人工送料，因此必须装设护手安全装置。护手安全装置应该起到作业人员刨料发生意外时，不会造成手部被刨刃伤害的作用。

刨料时手应按在木料上面，手指离开刨口50mm以上。禁止用手在木料后端送料跨越刨口进行刨削。刨削短料或薄板时应用安全推板送料，以免伤手。

禁止操作人员戴手套作业，防止手套的毛边、线头与机械绞扭在一起。

2. 圆盘锯

锯片上方必须安装防护罩，阻挡飞溅的木屑，防止伤手、锯片崩裂及木料反弹伤人；锯片后面离锯齿10～15mm处必须安装弧形楔刀，防止木料夹锯产生的木料回弹伤人；锯片前面必须设置挡网或棘爪等防护倒退装置，防止木料遇到铁钉、硬结等情况时突然倒退伤人。

木工机械明露的传动部位应有牢固的防护罩，防止作业人员衣裤不慎绞入，保障作业人员安全。当作业人员准备离开机械时，应拉闸断电，避免误碰撞开关而发生事故。

八、混凝土机械安全管理

1. 混凝土搅拌机

搅拌机应安装在牢固的台座上，长期使用时应埋置地脚螺栓，短期使用应在基座上铺设枕木并找平放稳。

作业前，应先启动搅拌机空载运转，确认搅拌筒叶片旋转方向与筒体上箭头所示方向一致，并进行料斗提升试验，观察离合器、制动器是否灵敏可靠，确认无误后方可正常工作。

进料时，严禁将头或手伸入料斗或机架之间。运转过程中，严禁将手或工具伸入搅拌筒内。搅拌机作业过程中，当料斗升起时，严禁任何人在料斗下停留或通过。

搅拌机不得超载作业，满载搅拌时不得停机。作业中应观察机械运转情况，如有异常应停机检查。电压过低时不允许强制运行。

作业后应对搅拌机进行全面清理。当操作人员需要进入筒体内时，必须切断电源，锁好开关箱，并应有专人监护。

2. 混凝土泵

混凝土泵应安放在平整、坚实的地面上，周围不得有障碍物，放下支腿并调整后应使机身保持水平和稳定。

作业前应认真检查并确认各部位螺栓是否紧固、防护装置是否齐全可靠、液压系统是否正常且无泄漏等。混凝土泵启动后，应先空载运转，观察各仪表的指示值、泵及搅拌装置的运转情况，确认无误后方可作业。

泵机运转时，严禁将手、铁锹伸入料斗或用手抓分配阀。如需在料斗或分配阀上工作时，应先关闭电动机并消除蓄能器压力。不得调整和修理正在运转的部件。

3. 插入式振捣器

插入式振捣器的电动机电源上应安装漏电保护装置，接地或接零应安全可靠。操作人员应经过用电知识培训，作业时应穿戴绝缘鞋和绝缘手套。

使用前应检查各部位并确认连接牢固，旋转方向是否正确。

作业时不得用力硬插、斜推，振捣器不得全部插入混凝土中。作业停止需要移动时，应先关闭电动机，再切断电源后进行。严禁用软管拖拉电动机。

作业完毕，要对电动机、软管、振动棒进行清理和保养。

九、手持式电动工具安全管理

手持式电动工具在使用前必须进行检查，确认合格后方可使用。主要应检查验收以下内容：

（1）外壳、手柄、负荷线、插头、开关等是否完好无损，刃具是否锋利；

（2）手持砂轮机、角向磨光机是否装设防护罩，砂轮与接盘间的软垫是否安装稳妥，螺帽是否拧得太紧；

（3）工具中转动的危险零件，是否按有关标准装设防护罩。

手持式电动工具自带的软电缆不允许任意拆除或接长，插头不得任意拆除或更换。使用金属外壳的工具，外壳应做保护接零。

机具启动后应先空载运转，确认机具无误后方可作业。作业时，用力应平稳，不得用手触摸刃具、模具和砂轮，发现有磨钝、破损情况时，应立即停机修整或更换。

机具禁止超载使用，机具转动时，不得撒手不管。当作业时间过长，机具温度过高后，应停机自然冷却后再行作业。

【案例导入】

案例一：搅拌机料斗夹人事故

由××建筑公司总包，××建筑公司分包的工程正在进行抹灰施工，现场使用一台搅拌机来搅拌抹灰砂浆。由于从搅拌机出料口到现场抹灰点有200m左右的距离，采用两台翻斗车进行水平运输，由于抹灰工人众多，造成砂浆供应不及时，工人在现场停工待料。抹灰工班组长何××非常着急，到搅拌机边督促拌料。搅拌机操作工离开搅拌机去备料的时候，何××私自违章开动搅拌机，且在搅拌机运行过程中，将头伸进料口查看搅拌机内部的情况，被正在爬升的料斗夹到头部后跌落在料斗下，料斗下落后又压在何××胸部，造成头部大量出血。事故发生后，现场负责人立即将其送往医院，但经抢救无效死亡。

事故原因分析：

1. 导致事故发生的直接原因

何××安全意识淡薄，在搅拌机操作工不在场的情况下，私自违章开启搅拌机，且在搅拌机运行过程中将头伸进料斗内，导致料斗夹到头部。

2. 导致事故发生的间接原因

（1）总包单位对施工现场的安全管理不严，施工过程中的安全检查督促不力。

（2）分包单位对工人的安全教育不到位，安全技术交底没有落到实处，导致抹灰工擅自开启搅拌机。

（3）施工现场劳动力组织不合理，大量抹灰工作业仅安排 3 名工人和 1 台搅拌机进行砂浆搅拌，造成窝工。

（4）搅拌机操作工为备料不在搅拌机旁，没有按照规定切断电源、关闭开关箱，给无证人员操作创造了条件。

案例二：提升机吊笼高处坠落事故

某工程采用物料提升机作为竖向垂直运输设备。当拆除顶层钢模时，将拆下的 20 根钢管和扣件运到提升机的吊笼上，6 名负责模板拆除的工人要求随吊笼一起从屋顶 18m 高处下落。此时负责操作该提升机的专职人员临时离开，为赶时间进度，另一名木工班的工人主动要求开动提升机，并同意 6 名工人随吊笼一起下来。当提升机启动下降时，钢丝绳突然折断，人随吊笼下落坠地，造成死亡 1 人、重伤 5 人的安全事故。

事故原因分析：

这是一起因违章操作造成人员伤亡的事故

1. 导致事故发生的直接原因

物料提升机的钢丝绳突然折断导致人员坠落。

2. 导致事故发生的间接原因

（1）违反《龙门架及井架物料提升机安全技术规范》JGJ 88—2010 中"严禁人员攀登穿越提升机和乘吊笼上下"的规定，搭乘吊笼。工人擅自将严禁载人的提升机作为人员垂直运输工具。

（2）施工人员安全意识淡薄，盲目蛮干，违章操作。物料提升机应由经过专门培训合格的人员操作，而发生事故时开动提升机的是木工班人员，显然未经专业培训，违反特种作业人员必须持证上岗的规定。

（3）由于钢丝绳突然发生断裂，可以判断出该施工队对物料提升机缺少日常检查和维修保养，施工机械存在安全隐患。

（4）现场安全管理松弛，工地安全责任落实不到位，缺乏安全教育，安全技术交底制度未能落到实处。

案例三：吊装重物脱落伤人事故

某建筑公司承建的宿舍楼已经竣工，该公司吊拆装队长在没有征得公司领导同意的情况下，私自带领两名塔式起重机拆装工和另外两名工人对现场塔式起重机进行拆卸工作。四人已拆至塔式起重机回转体底座，准备使用滑轮将其底座吊下。由于使用的滑轮钩头保险失灵，起吊时钢丝绳脱钩，致使被吊物体倾斜滑落，将正在作业的两名塔式起重机拆装工砸死。

事故原因分析：

1. 导致事故发生的直接原因

起重设备的保险设施失灵，钢丝绳脱钩，致使被吊物体倾斜滑落，砸到正在作业的工人。

2. 导致事故发生的间接原因

（1）该拆装队队长违反了有关"塔式起重机拆卸之前必须由工程技术人员制定施工方案和技术措施，并经公司总工或主管技术的负责人审批，拆卸过程中要严格执行拆卸施工方案和工艺"的规定。

（2）塔式起重机拆装人员应该是经过培训、考试合格并取得上岗证的人员。而该事故中参与拆卸的工人未经培训便上岗操作。

（3）公司对塔式起重机拆装队管理松散，制度不严。

（4）塔式起重机拆卸前，没有严格检查作业工具和吊索具，滑轮钩头保险失灵的安全隐患没有被查出。

案例四：升降机吊笼坠落事故

1. 事故经过

某拆迁安置工程，该工程为6幢21层的高层建筑，总建筑面积58122m²，合同造价6337.9万元。事故发生时，土建工程已基本完工，并于2019年1月30日下午开始拆卸升降机。2月2日上午9时，劳务单位6名施工人员开始拆卸3号楼升降机。根据分工，4人乘载吊笼到井架顶端拆卸吊笼上4根钢丝绳中的3根，留1根吊住吊笼，地面人员将拆下的钢丝绳缠绕在卷扬机的小卷筒上。上午 11 时，当钢丝绳拆完后，顶部的 4 名施工人员进入吊笼，吊笼下降了 7m 左右时，小卷筒上的钢丝绳缠绕到曳引轮和减速器的夹缝中被卡死，吊笼的重力致使钢丝绳被拉断，并迅速从 60 多米高处坠落至地面，造成 4 人死亡，直接经济损失 90 余万元。

2. 事故原因

直接原因：

地面人员将拆下的钢丝绳缠绕在卷扬机的小卷筒上。吊笼下降时，钢丝绳溢出从而卡死在曳引轮和减速器的夹缝中，吊笼重力将钢丝绳拉断，吊笼坠落至地面。

间接原因：

（1）架子工班长无视安全生产规定，组织没有升降机拆卸资格的人员拆卸升降机。

（2）劳务分包单位安全生产意识淡薄。劳务用工不规范，尤其在工程收尾阶段，施工现场管理混乱，安全防护措施不落实。升降机拆卸没有严格履行报审手续，且将升降机拆卸交付给没有资质的架子工，导致事故发生。

（3）升降机防坠器缺少日常维护。防坠器里面全是尘土，减弱了其灵敏度，吊笼下坠时，防坠器未能动作，没有起到防坠作用。

（4）施工单位没有认真履行总包单位安全生产管理职责，对分包的各项业务以包代管。在工程收尾阶段，对施工现场违章作业行为没有及时制止，现场安全管理工作没有落实。

（5）监理单位没有认真履行安全生产管理职责。现场监理人员在工地巡视中发现升降机正在拆卸，对应该报审而没有报审的拆卸行为，未采取有效措施予以制止。

（6）当地改造建设指挥部对辖区内建设项目扫尾阶段放松了安全监管，对施工现场存在的安全隐患，检查督办不力。

3. 事故教训

（1）施工单位应认真履行总包单位安全生产管理职责。督促分包单位落实各级安全生产责任制和各项专业技术措施，避免以包代管的现象。

（2）劳务分包单位应加强安全生产意识。强化规范用工管理，严禁没有资格的人员违章操作，严格履行报审手续，落实安全防护措施。

（3）监理单位应认真履行监理安全生产管理职责。在日常巡视中发现问题必须采取有效措施予以制止。

（4）产权（租赁）单位应严格执行设备检查制度，强化关键部位的日常维护保养，保证安全部件灵敏可靠。

【学习思考】

1. 关于施工升降机安全控制的说法，正确的是（　　）。

    A. 施工升降机应由具有相应资质的专业企业安装，经监理验收合格后方可投入使用

    B. 施工升降机底笼周围 2.5m 范围内必须设置牢固的防护栏杆

    C. 施工升降机与各层站过桥和运输通道进出口处应设置常开型防护门

    D. 七级大风天气时，应在项目部严密监督下使用施工升降机

2. 物料提升机在每班工作结束后应该采取哪些安全防范措施？

3. 钢丝绳在哪些情况下应该强制报废？

4. 施工升降机安装调试后，监理人员在验收中发现：①底笼周围 2m 范围内设置了牢固的防护栏杆；②进出口处的上部根据电梯高度搭设了足够尺寸和强度的防护棚；③各层站过桥和运输通道两侧设置了安全防护栏杆，进出口处设置了常开型的防护门；④各层设置了联络信号。试分析并指出以上做法中的不妥之处。

5. 项目部组织了对钢筋加工机械及钢筋冷拉场地的检查和验收，发现钢筋冷拉场地安全设置没有达到要求。请问钢筋加工机械必须齐全有效的装置有哪些？钢筋冷拉场地安全设置内容有哪些？

码 5-11　单元 5.6
学习思考参考答案

【实践活动】

1. 参观学校钢筋工、木工、砌抹等实训室的常用机械设备，仔细观察，找一找它们的主要危险点。然后与相关实训指导教师沟通，看看自己的看法是否正确。

2. 假如你是某项目部的安全员，请根据自己的理解，拟定一份某大型垂直运输机械的安全操作规程。

3. 观看机械伤害事故的典型案例视频，谈谈你自己的看法。

单元 5.7　触电事故防范

码 5-12　单元 5.7 导学

> 通过本单元的学习，学生可以：掌握施工现场临时用电的相关知识，找出事故隐患，防范触电事故的发生。

建筑施工离不开电，除了施工中的电气照明，更多的是电动机械和电动工具。随着社会的进步，建筑行业迅猛发展，施工用电、各种电气装置、建筑机械等日益增多。施工现场用电的临时性及用电环境的特殊性、复杂性，使得众多的电气设备和用电设备的工作条件变差，从而导致施工中触电事故发生。因此，施工现场的用电安全问题就更加突出（图 5-34、图 5-35）。

图 5-34　触电急救

图 5-35　防止触电安全警示标志

一、施工现场临时用电管理的一般规定

施工现场临时用电设备在 5 台及以上或者设备总容量在 50kW 及以上的，应该由电气工程技术人员编制用电组织设计，由相关部门审核，并经企业技术负责人批准，现场监理签字确认后方可实施。临时用电工程架设完毕后，

必须经编制、审核、批准部门和使用单位共同验收，合格后方可投入使用。

施工现场临时用电工程，电源中性点直接接地的 220/380V 三相四线制低压电力系统，必须符合下列规定：

（1）采用 TN-S 接零保护系统；

（2）采用三级配电系统；

（3）采用二级漏电保护系统。

安装、巡检、维修或拆除临时用电设备和线路，必须由专业电工完成，并应有专人监护。电工必须按国家现行标准考核合格后，持证上岗工作。非电工禁止私拆乱接电气线路、电气设备、电灯、插头、插座等（图 5-36、图 5-37）。

图 5-36 私拉乱接

图 5-37 电焊机违章直接置于钢筋上

各类用电人员必须通过相关安全教育培训和技术交底，掌握安全用电基本知识和所用设备的性能，考核合格后方可上岗工作。使用电气设备前，必须按规定配备好相应的劳动防护用品，并检查电气装置和保护设备是否完好，避免设备带缺陷运转。用电人员移动电气设备时，必须经电工切断电源并做妥善处理后进行。

对配电箱、开关箱进行检查维修时，必须将其上一级相应的电源开关拉闸断电，并悬挂"正在维修，禁止合闸"的标志牌，严禁带电作业。

禁止使用照明器烘烤、取暖，禁止擅自使用大功率电器及其他电加热器，禁止在电线上挂晒物料。

二、配电线路的布置

1. 架空线路敷设的要求

施工现场架空线路必须采用绝缘导线或电缆，严禁使用裸线。架空线路必须架设在专用电杆上，禁止架设在树木、脚手架或其他设施上。

架空线路与邻近线路或设施的距离应当符合表 5-1 的要求。

线路穿越临时施工道路时必须做保护，禁止在室外埋地敷设导线，过路的线路必须使用埋地电缆，保证供电的可靠性。

架空线路与邻近线路或设施的距离（m）　　　　　　　　　　表 5-1

项目	邻近线路或设施类别					
最小净空距离（m）	过引线、接下线与邻线	架空线与拉线电杆外缘			树梢摆动最大时	
	0.13	0.05			0.5	
最小垂直距离（m）	同杆架设下方的广播线路通信线路	最大弧垂与地面			最大弧垂与暂设工程顶端	与邻近线路交叉	
		施工现场	机动车道	铁路轨道		1kV 以下	1 ~ 10kV
	1.0	4.0	6.0	7.5	2.5	1.2	2.5
最小水平距离（m）	电杆至路基边缘	电杆至铁路轨道边缘			边线与建筑物凸出部分	
	1.0	杆高 +3.0			1.0	

2. 电缆线路敷设的要求

电缆线路应采用埋地或者架空敷设，禁止沿地面明设，并应做好防止机械损伤和介质腐蚀的措施。直接埋地敷设的电缆必须是铠装电缆，穿过建筑物、道路、临时设施时，应该加设防护套管保护，防护套管不宜采用硬塑料管。

电缆中必须包含全部工作芯线和作保护零线的芯线，即五芯电缆。不允许使用四芯电缆外加一根导线代替五芯电缆。五芯电缆中必须包含淡蓝、绿/黄两种颜色的绝缘芯线，淡蓝色芯线必须用作工作零线（N 线），绿/黄双色芯线必须用作保护零线（PE 线），严禁混用。

3. 室内配线的要求

室内配线必须采用绝缘导线或电缆，其截面应根据用电设备或线路的计算负荷确定。非埋地明敷的主干线距离地面高度不得小于 2.5m，并应采取防雨措施。

架空线路、电缆线路、室内配线均必须要有短路保护和过载保护。

三、配电箱与开关箱的设置

1. 三级配电与两级漏电保护

三级配电是指施工现场从电源进线开始至用电设备中间应经过三级配电装置配送电力，即由配电室内的总配电箱或配电屏，经若干用电设备相对集中处的分配电箱，到用电设备处的开关箱分三个层次逐级配送电力。

两级漏电保护是指配电室总配电箱或配电屏设置一级漏电保护装置，用电设备的开关箱设置一级漏电保护装置。两级漏电保护装置的参数要匹配。

2. 电箱的安装要求

开关箱与用电设备之间必须实行"一机一闸一漏一箱"，即每台用电设备必须有自己专用的开关箱，每个开关箱只能用于控制1台用电设备，每个开关箱内必须设置漏电保护器。每台用电设备都要加装漏电保护器，不能有1个漏电保护器保护2台甚至多台用电设备的情况，还应避免直接用漏电保护器兼作用电设备的控制开关。

总配电箱一般应设置在靠近电源的区域，分配电箱应设置在用电设备或负荷相对集中的区域，分配电箱与开关箱的距离不得超过30m，开关箱与其控制的固定式用电设备的水平距离不得超过3m。

配电箱、开关箱应装设在干燥、通风及常温场所，周围应该有足够2人同时工作的空间和通道，且应装设端正、牢固，周围不得堆放任何妨碍操作和维修的物品。固定式配电箱、开关箱的中心点与地面的垂直距离应为1.4～1.6m；移动式配电箱、开关箱应装设在坚固、稳定的支架上，其中心点与地面的垂直距离宜为0.8～1.6m。

动力配电箱和照明配电箱若合并设置为同一配电箱时，动力和照明应分路配电。动力开关箱和照明开关箱必须分开设置。

3. 电箱内电器、接线、进出线的布置要求

配电箱、开关箱内的电器（含插座）应该先紧固安装在金属或者非木质阻燃绝缘电器安装板上，不得歪斜和松动，然后整体紧固在电箱体内。

配电箱、开关箱内的连接线必须采用铜芯绝缘导线，导线绝缘颜色标志

应该按照要求配置并排列整齐。导线分支接头不允许采用螺栓压接，应该采用焊接并做好绝缘包扎，接头不允许有外露部分。

配电箱、开关箱的金属箱体、金属电器安装板及箱内电器的不应带电的金属底座外壳等必须做保护接零。保护接零应通过专用接线端子板连接，工作零线（N 线）和保护零线（PE 线）必须分别设置专用接线端子板（图 5-38）。工作零线（N 线）端子板必须与箱体绝缘，保护零线（PE 线）必须与箱体做电气连接。

配电箱、开关箱中导线的进、出线口应设置在箱体的下底面，严禁设置在上顶面、侧面、后面或者箱门上。进、出线应加护套分路成束并做防水弯，导线束不允许与箱体进、出口直接接触，防止开孔处的刃面割伤导线，不合格配电箱示例见图 5-39。移动式电箱的进、出线必须采用橡皮绝缘电缆。

图 5-38 PE 线、N 线专用接线端

图 5-39 不合格配电箱示例

四、接地与接零安全管理

为了防止意外带电体上触电事故发生，应根据不同情况采取相应的保护措施。保护接地和保护接零是防止电气设备意外带电造成触电事故的基本技术措施。

将变压器中性点直接接地称为工作接地。它可以稳定系统电压，防止高压侧电源直接窜入低压侧，造成低压系统的电气设备损坏。

将电气设备外壳与大地连接叫保护接地。它可以保证人体接触漏电设备时的安全，防止发生触电事故。

将电气设备外壳与电网的零线连接叫保护接零。它是将设备的碰壳故障改变为单相短路故障，保护接零与保护切断相配合，由于单相短路电流非常大，所以能迅速切断保险或自动跳闸，使电气设备与电源脱离，避免触电。

在保护零线上再做接地叫重复接地。它可以起到保护零线断线后的补充保护作用，也可以降低漏电设备的对地电压和缩短故障持续时间。一般情况下，施工现场中的重复接地不能少于3处。电气设备比较集中的地方（钢筋作业区等）和高大设备处（塔式起重机、物料提升机等）一般也要做重复接地。

施工现场的供电系统必须采用TN-S接零保护系统，它是指系统中的工作零线（N线）与保护零线（PE线）分开的系统。用电设备的正常不带电的金属外壳或基座与保护零线（PE线）直接与电气连接。

保护零线（PE线）必须由工作接地线处引出，或由配电室电源侧的零线处引出。工作零线（N线）和保护零线（PE线）必须严格分开。保护零线（PE线）严禁穿过漏电保护器且必须做重复接地，工作零线（N线）必须穿过漏电保护器且禁止做重复接地。

保护零线（PE线）的统一标志为绿/黄双色线，在任何情况下不准将绿/黄双色线当作负荷线使用。

五、外电防护

外电线路主要指不是施工现场专用的，原来已经存在的配电线路。施工过程中必须与外电线路保持一定的安全距离，在建工程（包括脚手架）的外侧边缘与外电架空线的边缘之间必须保持的最小安全操作距离见表5-2。

在建工程（含脚手架）的外侧边缘与外电架空线路的边线之间的

最小安全操作距离　　　　　　　　　　　　表5-2

外电线路电压（kV）	小于1	1～10	35～110	220	330～500
最小安全操作距离（m）	4	6	8	10	15

如果现场作业条件限制达不到以上最小安全操作距离要求时，应当采取屏护措施，如设置防护性遮拦、栅栏并悬挂警示牌等，防止因触碰造成的触电

事故。防护屏障距线路一般不小于 1m，搭设和拆除防护屏障时应停电作业。

在建工程不得在外电架空线路下方施工，不得在外电架空线路下方搭设临时设施，堆放建筑构配件、材料及其他杂物等。

六、施工现场照明安全管理

施工现场的照明用电和动力用电按规定一般应分路设置。为避免照明装置发生触电事故，照明专用回路必须装设漏电保护器，作为单独的保护系统。

照明灯具的金属外壳必须做保护接零，单相回路的照明开关箱内必须装设漏电保护器。

危险场所和人员相对集中的通道口、宿舍等场所，必须设置照明，以免在昏暗场所作业或人员行走时发生意外。照明电压一般情况下采用 220V，但在下列特殊场所应使用安全特低电压照明器：

（1）隧道、人防工程、高温、有导电灰尘、比较潮湿或者灯具离地面高度小于 2.5m 等场所的照明，电源电压不应大于 36V；

（2）潮湿和易触及带电体场所的照明，电源电压不得大于 24V；

（3）特别潮湿场所、导电良好的地面、锅炉或者金属容器内的照明，电源电压不得大于 12V。

【案例导入】

案例一：油漆工触电事故

某建筑公司承建的某住宅小区工地，油漆工班组正在进行装饰工程的墙面批嵌作业。下午上班后，油漆工陈 ×× 在施工现场用改装过的手电钻搅拌机（金属外壳）伸入桶内搅拌批嵌材料。15 时 30 分，泥工向 ×× 见到陈 ×× 手握电钻坐在地上并且没有穿鞋，以为他在休息而未加注意。几分钟后，陈 ×× 倒卧在地上，面色发黑，不省人事。向 ×× 立即叫来其他人将陈 ×× 送往医院，但经抢救无效死亡。医院诊断为触电身亡。

案例分析：

1. 导致事故发生的直接原因

陈 ×× 使用不符合安全要求的手电钻搅拌机，又违反规定私接电源，施工过程中赤脚违规作业。

2.导致事故发生的间接原因

（1）项目部对工人缺乏必要的安全生产教育，现场管理不到位，缺乏有效的操作规程和安全检查。

（2）工人安全意识差，使用自制的不符合安全使用要求的电气工具，私接电源，没有经过漏电保护，违反"三级配电、两级漏电保护"原则。

案例二：水电工触电事故

某工程4号楼工地上，水电班组长蔡××，安排工人祝××、过××两人到4号楼东单元4～5层开凿电线管墙槽。下午1时，祝××、过××两人分别携带手提切割机、开关箱、榔头等工具开始作业，祝××在4层，过××在5层。当过××在东单元西套卫生间开凿墙槽时，由于操作不当，切割机切破电线，致使过××触电。下午2时30分，木工陈××路过该处时，发现过××躺在地上不省人事，项目部立即将其送往医院，但经抢救无效死亡。

案例分析：

1.导致事故发生的直接原因

过××在工作时，使用手提切割机操作不当，以致割破电线造成触电。

2.导致事故发生的间接原因

（1）施工现场用电设备、设施缺乏定期维护保养，开关箱漏电保护器失灵。

（2）项目部对工人安全教育不够严格，工人缺乏相互保护和自我保护意识；工地安全员对施工班组安全操作交底不够细致，现场安全生产检查监督不力。

案例三：某厂房铸造车间工程触电事故

1.事故经过

某厂房铸造车间工程，建筑面积3490m²，工程造价285.67万元，单层两跨排架结构，跨度18m，檐口高度13.35m。室内顶棚粉刷由某安装公司施工。2019年5月21日，10名职工在厂房内利用底部设有钢滚动轮的移动式操作平台进行室内顶棚粉刷作业。因粉刷需要，6名职工移动操作平台时，将塑料电缆绝缘层破坏，致使移动式操作平台整体带电，导致移动操作平台上的6名职工触电，造成3人死亡，3人轻伤，直接经济损失25万余元。

2. 事故原因

直接原因：

（1）施工人员在移动操作平台时，明知地上有电缆线图省事没有将其移位，冒险推动操作平台，造成轮子轧破电缆，使操作平台整体带电。

（2）在移动操作平台时，未将电缆线总电源开关切断。安全技术交底明确要求"在现场进行移动式操作平台作业，不得碰损现场布设的电缆、电线，如果离电缆、电线小于安全距离工作，必须将电路切断"，施工人员没有按照交底要求执行。

（3）未采取防止电缆被轧坏的保护措施。

（4）移动式操作平台 3 个滚动轮防护胶套已脱落，没有及时更换。

（5）施工现场总配电箱内塑料电缆未经漏电保护器直接接在总隔离开关上，漏电后不能自动切断电源。

（6）临时用电线路没有按照规范要求敷设，而是直接搁置在厂房的地面上。

间接原因：

1）分包单位安全意识淡薄，重生产轻安全，安全生产管理存在重大漏洞，对各项规章制度执行情况监督管理不力，对职工未进行有效的三级安全教育，特别是对施工现场存在的事故隐患、违章作业行为不能及时发现和消除，安全管理不到位。

2）总承包单位的安全管理存在漏洞，安全技术措施针对性差，安全技术交底未能有效落实，对分包单位的安全生产管理不到位。

3）总包单位、分包单位的现场管理人员安全素质较低，对作业场所和工作岗位存在的危险因素缺乏足够的认识和了解，思想麻痹，心存侥幸，冒险违章作业，忽视防范措施。

4）总包单位的项目经理、专职安全员、分包单位的项目负责人作为现场的直接管理人员，对监理单位下达的隐患整改通知书没有按照要求及时检查纠正，制止违章不力。

3. 事故教训

（1）施工单位要对现场进行全面安全检查，完善安全技术措施，按照规定审批，消除事故隐患，确保后续工程的安全施工。

（2）按照《施工现场临时用电安全技术规范》JGJ 46-2005 的要求，立即更换现场临时用电的塑料电缆，并按规范连接、敷设，确保安全用电。

（3）由建设单位牵头，组织施工单位、监理单位等立即对施工现场进行一次全面的安全生产检查，对查出的事故隐患及时整改，确保在建工程项目安全施工。

（4）总包单位和分包单位应吸取事故的深刻教训，高度重视安全生产，健全和完善各级各部门和各岗位安全生产责任制，形成有效预防事故的管理机制。

（5）监理单位要严格履行法律法规赋予的责任，加大对施工现场安全生产工作的监督管理力度，认真履行监理职责。

【学习思考】

1. 施工现场所有的开关箱必须安装（   ）装置。

  A. 防雷　　　　　　　　　　　B. 漏电保护

  C. 熔断器　　　　　　　　　　D. 接地保护

2. 下列关于分配电箱与开关箱的说法中，符合相关规定的是（   ）。

  A. 分配电箱与开关箱距离不得超过 35m

  B. 开关箱的中心点与地面的垂直距离应为 1m

  C. 分配电箱应设在用电设备或负荷相对集中区域

  D. 开关箱与其控制的固定式用电设备的水平距离不宜超过 4m

3. 关于电缆线路敷设的基本要求，下列说法正确的有（   ）。

  A. 电缆中必须包含全部工作芯线和做保护零线的芯线

  B. 电缆线路应采用埋地或架空敷设

  C. 五芯电缆必须包含蓝、红两种颜色的绝缘芯线

  D. 直接埋地敷设的电缆过墙、过路、过临时设施时应套钢管保护

  E. 电缆线路可以不设过载保护

4. 各类用电人员上岗工作要求为（   ）。

  A. 参加安全教育培训

B. 自学临时用电标准并掌握基本操作方法

C. 有实际现场经验

D. 掌握安全用电基本知识和所用设备的性能

E. 参加安全技术交底

5. 什么是"三级配电""两级漏电保护""一机一闸一漏一箱"？

6. 哪些情况下应采用安全电压的电源？

7. 项目部在库房、道路、仓库等场所安装了额定电压为 360V 的照明器，该做法是否妥当？请说明理由。

8. 普工黄×× 是班组临时招的工人，黄×× 来项目部后立即投入了生产。他在操作振捣器时，未穿绝缘鞋，未戴绝缘手套，振捣器开关箱中的漏电保护器失灵没有及时修理。施工过程中振捣器电线磨损漏电，导致黄×× 触电身亡。试分析该案例中做法的不妥之处，并说明理由。

9. 基坑回填土施工，因蛙式打夯机电源线未接，梁×× 在班组长要求下去接线。梁×× 不懂用电设备接线的规定，仅将三相火线接通，没有接通保护零线，加之没有电工工具，徒手操作，所以接线松动。在操作过程中，由于打夯机带电，致使未戴绝缘手套的操作工触电身亡。试分析该事故中做法的不妥之处，并说明理由。

10. 某工程现场钢筋加工棚，配电系统采用 TN-S 接零保护系统，用电设备有钢筋切断机 3 台、钢筋弯钩机 4 台、钢筋调直机 1 台，分别由 5m 外的各开关箱控制。PE 线由分配电箱安装板固定螺栓引出至用电设备。使用过程中一台开关箱受损，电工班长让操作电工在其中一台开关箱内设置两个漏电保护器，分别控制两台钢筋切断机。试根据以上材料，回答以下问题：

①该用电工程需要编制用电施工组织设计吗？为什么？

②各开关箱和用电设备的间距是否符合规定？为什么？

③开关箱内设置两个漏电保护器，分别控制两台钢筋切断机是否可行？为什么？

④除以上几点外，该用电工程还有什么做法不妥？说明理由。

码 5-13 单元 5.7
学习思考参考答案

221

【实践活动】

1. 参观学校电工实训室或与电相关的实训室，认识常用用电设备（如配电箱、开关箱、闸刀开关、漏电保护器等），并由专业电工老师讲解相关知识。

2. 检查自己的宿舍有没有私拉乱接现象，有没有不符合安全用电的现象，如果有，请自行整改。

3. 观看施工现场触电事故的典型案例视频，谈谈你的看法。

单元 5.8　火灾事故防范

码 5-14　单元 5.8 导学

> 通过本单元的学习，学生可以：掌握火灾事故的相关知识，找出事故隐患，防范火灾事故的发生。

火灾是一种破坏力很大的治安灾害。近年来，施工现场发生的一些重特大火灾（图 5-40），一把火就造成几十人甚至上百人的伤亡，经济损失巨大。这不仅给许多家庭带来了不幸，而且还导致大量的社会财富化为乌有，事故的善后处理还要牵扯企业、政府相当多的精力，严重影响了经济建设的发展和社会的稳定。

图 5-40　建筑施工现场火灾事故

因此，施工现场做好消防工作，预防和减少火灾事故，尤其是群死群伤的恶性火灾事故的发生，具有十分重要的意义。

一、防火安全管理的一般规定

1. 施工现场防火工作，必须认真贯彻"预防为主，防消结合，综合治理"的方针，立足于自防自救，坚持安全第一，实行"谁主管，谁负责"的原则，在防火业务上要接受当地公安消防机构的监督和指导。

2. 施工单位应当对职工进行经常性的防火宣传教育，普及消防知识，增强消防观念，自觉遵守各项防火规章制度。

3. 施工单位应当根据工程的特点和要求，在编制施工方案或者施工组织设计时制定消防防火方案，并按规定程序实行审批。

4. 施工现场必须设置防火警示标志（图5-41），施工现场办公室内应该挂有防火责任人、防火领导小组成员名单、防火制度等（图5-42）。

图 5-41　防火警示标志　　　　　　图 5-42　办公室内悬挂的防火制度

5. 施工现场实行层级防火责任制，落实各级防火责任人，各负其责。项目经理是施工现场防火责任人，全面负责施工现场的防火工作。施工现场必须成立防火领导小组，由防火责任人任组长，成员由项目部相关人员组成。防火领导小组应当定期召开防火工作会议。

6. 施工单位应当建立和健全岗位防火责任制，明确各岗位的防火责任区和职责，让职工懂得本岗位火灾的危险性，懂得防火措施，懂得如何扑灭初发火灾。

7. 按规定实施防火检查，对检查出的火灾隐患及时整改。

8. 施工现场必须根据防火的需要，配置相应种类、数量的消防器材、设施设备。

二、施工现场消防设施的配置要求

施工现场内一般应设置临时消防车道，宽度和净空高度均不应小于4m，随时保持通道畅通，夜间应有照明设施。消防车道宜设置成环形，如设置环形有困难时，应在车道尽头设置尺寸不小于12m×12m的回转场。

施工现场要按照有关规定设置消防水源（图5-43），现场消防进水干管直径不小于100mm，消火栓处要设有明显标识，配置足够的水龙带。消火栓周围3m内，不允许存放任何物品。高度超过24m的建筑要随楼层做消防竖管，水管直径不小于75mm，并设加压泵，每层应留有消防水源接口，配置足够的水龙带。

施工现场的重要防火部位和在建高层建筑的各个楼层，应当在明显和方便取用的地方配置适当数量的手提式灭火器、消防砂袋等消防器材（图5-44），并应布局合理，经常维护和保养，保证其灵敏有效。

图5-43 施工现场消防水源

图5-44 施工现场消防器材

施工现场灭火器的配置一般应满足以下要求：

（1）一般临时设施区，每100m²配备两个10L的灭火器，大型临时设施总面积超过1200m²时，应备有专供消防用的消防桶、积水桶（池）、黄砂池等；

（2）木料间、木工操作间、油漆作业间等每 25m² 面积应当配置一个合适的灭火器；

（3）仓库、油库、危化品库或堆料场内，应配置足够组数、种类的灭火器，每组灭火器不少于 4 个，每组灭火器之间的距离不应大于 30m。

三、火源管理

施工现场动用明火必须实行严格的消防安全管理，需要临时进行动火作业的，动火部门和人员应当按照用火管理制度办理审批手续，落实现场监护人，在领取动火作业许可证及确认没有火灾、爆炸危险后才可动火施工。

1."三级"动火审批制度

（1）一级动火作业审批

一级动火作业指可能会发生特大火灾事故的用火作业，如禁火区域内用火，堆有大量可燃易燃物质的场所内用火，各种受压设备内用火，比较密闭的室内、容器内、地下室等场所内用火，危险性较大的登高焊、割作业等。它需要由项目负责人组织编制防火安全技术方案，填写动火申请表，上报企业安全管理部门审批后，方可动火。

（2）二级动火作业审批

二级动火作业指可能会发生重大火灾事故的用火作业，如在具有一定危险因素的非禁火区域内进行临时焊、割作业，登高焊、割作业等。它需要由项目防火责任人组织拟定防火安全技术措施，填写动火申请表，上报项目安全管理部门和项目负责人审批后，方可动火。

（3）三级动火作业审批

三级动火作业指在非固定的、无明显危险因素的场所进行的用火作业。它需要由所在班组填写动火申请表，上报项目防火责任人和项目安全管理部门审批后，方可动火。

动火证当天有效，如果动火地点发生变化，需要重新办理动火审批手续。动火人员动火后，应彻底清除现场火种后方能离开。

2.动火前的"四不"

（1）防火、灭火措施未落实的不动火；

（2）动火区域周围的易燃易爆物未清除、难以移动的易燃结构未采取相应的防范措施的不动火；

（3）在高处进行焊、割作业时，下面的可燃物品未清理或未采取安全防范措施的不动火；

（4）没有配置相应灭火器材的不动火。

3. 动火中的"四要"

（1）动火前要指定现场安全责任人；

（2）现场安全责任人和动火人员应该经常注意用火情况，发现火灾苗头时要立即停止作业；

（3）发生火灾时，要及时扑救；

（4）动火人员要严格执行安全操作规程。

四、电焊、气割的防火安全管理

电焊、气割属于特种作业，从事焊、割的操作人员必须经过专门培训，掌握焊、割的安全技术、操作规程，考核合格，取得建筑施工特种作业人员操作资格证书后持证上岗。

焊、割作业前，应严格执行动火审批制度，领取动火许可证后方可进行作业。班组长或安全员应向操作人员及看火人员进行消防安全技术交底。焊、割现场应配置足够的灭火器材（图5-45）。任何人不得以任何理由让工人冒险进行作业。

焊、割操作前，工人要严格检查所用的工具设备（包括电焊机设备、线路敷设、电缆线的接点等）情况，使用的工具应符合相关标准，保持完好状态。严禁使用不合格的工具设备。

严禁在有可燃气体、粉尘或禁止用火的危险性场所进行焊、割作业，在这些场所附近进行焊、割时，应该按照有关规定保持防火距离。装过或盛有易燃液、气体及危险化学物品的容器、管道和设备，在没有彻底清洗干净前，不得进行焊、割。

要合理安排施工工艺和施工进度，

图5-45　气割作业

在有可燃保温材料的部位，不得进行焊、割作业，如果无法避免，应该在工艺安排和施工方法上采取严格的防火措施。不准在油漆、喷漆、木方等易燃易爆物品和可燃物上进行焊、割作业。

图 5-46　高处焊接作业

高处焊、割作业时应有专人监焊，操作时应该防止焊渣飞溅、切割物下落，一般可在焊、割作业下方放置接火盆（图 5-46）。5 级以上大风气候时，应该停止高空和露天的焊、割作业。

焊、割部位应当与氧气瓶、乙炔瓶、乙炔发生器及各种易燃可燃材料隔离。乙炔瓶、氧气瓶应直立放置，禁止平放卧倒使用，使用时不得靠近热源，距离明火点不得少于 10m，两瓶间应保持不少于 5m 的距离，且不得露天存放、暴晒、撞击。

作业结束或离开操作现场时，应切断电源、气源。热的焊嘴、焊条头等不得放置在易燃易爆物品和可燃物上。

五、木工操作间的防火安全管理

操作间应采用阻燃材料搭建。电气设备的安装要符合要求，抛光、电锯等部位应采用密封式或防爆式电气设备。刨花、锯末较多部位的电动机，应该安装防尘罩。

严格遵守操作规程，旧木料拔出铁钉后方可上锯。

操作间只能存放当班的木料，成品、半成品应及时运出。配电盘、刀闸下方不能堆放成品、半成品或废料。工作完毕后应拉闸断电，并应做到活完场清，刨花、锯末要打扫干净，堆放在指定地点，经检查确认没有火灾隐患后方可离开。

操作间内禁止吸烟和用明火作业。

【案例导入】

案例一：焊接与防水工程交叉作业引发火灾事故

××装饰公司承接了××大厦的内部装修工程，为了赶工程进度，该工程项目经理明知防水作业和不锈钢切割、焊接交叉作业存在安全隐患，仍然指派工人进行违章冒险作业。该项目经理安排在同一纵向工作面上，部分工人用聚氨酯防水材料对游泳馆地面做防水处理，另外人员在游泳馆上方二层平台用氩弧焊焊接不锈钢扶手，致使溅落的焊花引燃了一层地面上的聚氨酯防水材料，并迅速蔓延，导致现场发生重大火灾，造成12人死亡、9人重伤，直接经济损失80余万元。

事故原因分析：

1. 导致事故发生的直接原因

焊接与防水工程交叉作业是导致火灾发生的直接原因。

2. 导致事故发生的间接原因

（1）禁止聚氨酯防水涂料施工时与其他工种交叉作业，事发时游泳馆二楼正在焊接钢扶手，监理单位应该对此违章施工予以制止。

（2）聚氨酯涂层为黏稠的易燃物，燃点低，遇热源、明火、氧化剂有起火危险，蒸汽有毒，有刺激性。这种防水涂料不允许在室内或不通风的场所使用。该工程施工人员对材料的性能不了解，缺乏基本的安全常识。

（3）项目经理明知防水作业和不锈钢切割、焊接交叉作业存在安全隐患，但为了赶进度，仍然指派施工人员进行违章冒险作业，安全生产意识淡薄。

案例二：外墙装饰施工时电焊引发火灾事故

1. 事故经过

某28层高的公寓外墙节能综合改造工程脚手架突然起火。最先起火点在9层，在大风的作用下，脚手架外围防护网、脚手板及聚氨酯泡沫保温材料迅速着火，进而酿成整幢公寓楼室内外特大火灾。该公寓楼建筑面积18472m²，住有156户居民，约400人。经消防官兵奋力扑救，火势于15时22分得到控制，18时30分被扑灭。

承担该工程施工的是某装饰公司，总包方为某建设总公司。火灾共造成58人死亡，71人受伤，直接经济损失1.58亿元。

2. 案例分析

（1）造成火灾的直接原因是电焊工违章作业。施工人员违规在10层窗外进行电焊作业，电焊溅落的金属熔融物引燃下方9层脚手架上堆积的聚氨酯保温材料引发火灾。电焊工无特种作业人员上岗证，作业时又违反"焊接周围和下方应采取防火措施，并应有专人监护"的规定。引发火灾后，电焊工立即逃离现场，失去了灭火的最佳时机，属于严重违规行为。

（2）建设单位、施工单位、招标代理机构相互串通，虚假招标，违法转包、分包；工程项目施工组织管理混乱；设计单位、监理单位工作失职；有关政府管理部门对工程项目监督管理缺失，检查不到位。

（3）外墙保温采用聚氨酯泡沫材料，没有执行公安部和住房和城乡建设部联合发布的《民用建筑外保温系统及外墙装饰防火暂行规定》（公通 [2009] 46 号通知）的规定，住宅建筑外墙"当采用 B2 级保温材料时，每两层应设置水平防火隔离带"。外墙脚手架又采用了非阻燃的尼龙防护网，而且没有防火措施。由于聚氨酯泡沫和尼龙防护网都是可燃材料，火灾发生后，火势蔓延迅速。

（4）公通 [2009]46 号通知规定，"外保温系统应采用不燃或难燃材料作防护层""防护层应将保温材料完全覆盖"。外保温系统施工时应一边固定保温材料一边涂抹防护层，未涂抹防护层的外保温材料高度不应超过 3 层。如果施工单位执行了上述规定，火灾发生后其范围能够迅速控制，不会酿成整幢楼房被烧的严重后果。

（5）施工现场管理混乱，安全管理措施不落实，存在明显的抢工期、突击施工的行为。施工现场没有按照规定设置有效的消防设施，也没有配备足够的消防灭火器材。

（6）施工现场多家单位同时作业，且缺乏有力的监管和协调，导致安全责任无法落实。

3. 事故教训

（1）应严格执行公安部《建设工程消防监督管理规定》。选用满足防火性能要求的外墙保温材料和其他装饰装修材料，依法进行消防设计审核和验收。未经审核或者审核不合格的，坚决不得组织施工。未经验收或者验收不合格的，坚决不得交付使用。对在建工程防火应严格执行《建设工程施工现场消防安全技术规范》GB 50720-2011，脚手架采用阻燃型安全防护网，按规定设置临时疏散通道，设置临时消防给水系统，按标准配备足够的现场灭火器材，并经常检查，确保设施完好、有效。

（2）严格执行特种作业人员持证上岗制度，坚决杜绝无证作业现象。

（3）制定和完善生产安全施工应急救援预案，并定期组织演练。在事故发生时，立即实施应急救援预案，防止事故进一步扩大。

（4）实行强制性全员安全培训，提高全体员工安全素质和安全意识。

【学习思考】

1. 不需要办理动火证的作业是（　　）。

    A. 登高焊、割作业   B. 密闭容器内动火作业

    C. 施工现场食堂用火作业   D. 比较密封的地下室动火作业

2. 下列属于一级动火的是（　　）。

    A. 在具有一定危险因素的非禁火区域内进行临时焊、割作业

    B. 在堆有大量可燃和易燃物质的场所的用火作业

    C. 小型油箱等容器的用火作业

    D. 登高焊、割作业

3. 施工现场消防器材配置正确的有（　　）。

    A. 临时搭设的建筑物区域内 $100m^2$ 配备两个 10L 的灭火器

    B. 施工现场办公区可以不建立防火检查制度

    C. 临时木工间、油漆间等，每 $25m^2$ 配置一个合适的灭火器

    D. 大型临时设施总面积超过 $1200m^2$，应配有消防用的积水桶、黄砂池

    E. 临时木工间、油漆间等，每 $30m^2$ 配置一个合适的灭火器

4. 施工现场焊、割作业前应办理什么手续？作业现场需要做哪些消防准备？

5. 某工程地下 1 层、地上 16 层，总建筑面积 $27000m^2$，首层建筑面积 $2400m^2$。该工程位于市中心，施工场地狭小，现场设置了 1 条 3m 宽的施工道路兼作消防通道。消防通道的设置是否合理？请说明理由。

6. 总承包单位为宣传企业形象，拟在现场办公室前空旷场地树立悬挂企业旗帜的旗杆，旗杆与基座预埋件焊接连接。该焊接作业是否需要动火审批？如果需要，请说明动火等级及相应的审批程序。

7. 某建筑工地操作工人在堆有大量木方的简易库房中违规动火引发火灾，库房区没有配备消防器材，火势初起时没有及时得到扑救，造成火势迅速蔓延。项目部接到报告后立即报警并组织人员洒水扑救。15 分钟后，消防人员赶到了火场，但现场堆放的材料机具占据了消防通道，短时间内消防车无法接近起火点，只能用高压水枪控制外围火势。半小时过后，大火终被扑灭。这次火灾虽没有造成人员伤亡，但 3 间彩钢板房和大量木方被烧，直接经济损失 20 余万元。试分析以上事故发生的原因，并回答以下问题：

①施工现场在进行平面规划时，是否需要考虑设置消防通道？消防通道的设置应该满足什么要求？

②现场工地堆放木方的库房中消防器材应该如何配置？

③在现场工地堆放木方的库房中动火属于哪一级动火作业？应该履行什么样的审批手续？

码 5-15　单元 5.8
学习思考参考答案

【实践活动】

1. 结合学校的消防演练，练习灭火器的正确使用方法，并谈谈如果发生火灾，你应该如何去做。

2. 检查自己的宿舍，看看有无火灾隐患，如果有，请自行整改。

3. 观看施工现场火灾事故的典型案例视频，谈谈你的看法。

模块 6
安全资料管理

码 6-1　模块 6 导学

【模块描述】

　　施工现场安全资料是施工现场各单位在施工过程中形成的有关施工安全的文字记录和表格。安全资料管理不仅需要施工单位、监理单位和建设单位主动收集和整理，更需要勘察单位、设计单位、城建主管部门和其他社会相关单位部门的积极配合。

　　在项目建设过程中，安全资料管理是至关重要的，它直接体现了工程的安全管理能力，是施工全过程安全管理的主要痕迹。只有参建各方把各自的资料按时完成，归档到位，才能保证工程的过程管理得到有效保证，才能使工程资料真实完整的反映工程实际情况，为每个阶段的安全工作进行目标管理，为工程使用提供科学依据和参考价值。

　　通过本模块的学习，学生可以：了解安全资料的收集流程与方法；了解安全资料台账的种类与填写。

单元 6.1　安全资料收集

　　通过本单元的学习，学生能够：掌握安全资料的基本概念，了解施工现场有哪些安全资料，协助在施工现场做好安全资料的收集和管理工作。

在现代化的建筑施工中，安全生产、文明施工是一个非常重要的内容。为了使建筑施工现场安全管理更加规范化、科学化，提升施工现场安全生产、文明施工的水平，以期获得最佳的经济效益，施工现场的资料管理是重要内容之一。

在施工现场的安全管理中，安全资料的整理至关重要。安全资料种类繁多，整理的要求也很多，我们不仅要了解需要整理哪些资料，也要了解整理的要求和步骤，更应掌握如何整理归集好现场的安全资料，以供日后参考使用（图6-1～图6-3）。

图6-1　安全资料档案

图6-2　相关人员培训证书

一、安全资料的种类

根据《建筑施工安全检查标准》JGJ 59-2011中的要求，建筑施工安全资料分为Ⅰ、Ⅱ、Ⅲ三篇。第Ⅰ篇为安全管理资料，第Ⅱ篇为脚手架工程、基坑支护、施工用电、模板工程、"三宝四口"防护等安全技术资料，第Ⅲ篇为文明施工资料。

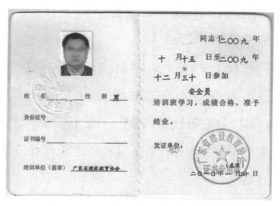

图6-3　安全员培训证书

在施工现场安全资料管理工作中，各地区、各施工单位的标准和规范都有所不同，目前并没有统一规范化，但安全资料主要应包含以下内容：

（1）档案一：相关手续及证件

工程基本概况、施工许可证、规划许可证、安全监察登记表、安全施工措施备案表、施工企业安全生产许可证、施工企业营业执照、监理单位有关证件、桩基施工有关证件等。

（2）档案二：安全生产责任制度及操作规程

各级、各部门的安全生产责任制、安全生产管理制度、各工种及主要机具安全技术操作规程等。

（3）档案三：安全目标管理资料

安全生产工作计划、安全管理目标分解示意图、安全生产目标管理责任书、生产班组长目标管理责任书、安全责任目标考核记录表、管理人员责任制考核表等。

（4）档案四：文明施工资料

施工现场总平面布置图、围挡施工方案、门卫管理制度及值班表、生活区管理制度、消防制度、消防设施平面布置图、消防设施定期检查记录、动火作业审批表、治安保卫制度、食堂卫生管理制度、施工现场防尘、防噪声方案等。

（5）档案五：施工组织设计、方案

施工组织设计（方案、技术措施）目录表、总安全施工组织设计、安全组织设计方案、单项安全施工方案、安全施工技术措施、安全事故应急救援预案等。

（6）档案六：安全技术交底资料

安全技术交底目录表、安全技术交底规定、分部分项安全技术交底、临时用电安全技术交底、施工机具安全技术交底、垂直运输机械安全技术交底、脚手架工程安全技术交底、钢结构安全技术交底、电气安装安全技术交底等。

（7）档案七：安全检查资料

安全检查制度、安全检查记录表、项目部定期安全检查记录、安全隐患整改通知书、事故隐患整改情况回执报告、处罚通知书、违章违纪人员教育记录表、施工现场安全管理检查表等。

（8）档案八：安全教育资料

安全教育培训制度、职工安全教育花名册、三级安全教育登记表、变换工种工人安全教育记录、安全教育记录、特种作业人员安全教育记录、施工管理人员安全培训登记表、安全知识测试试卷、安全教育资料等。

（9）档案九：班前活动资料

班前安全活动制度、安全例会制度、班前安全活动记录、专职安全员工作日志等。

（10）档案十：现场管理人员及特种作业人员管理资料

特种作业人员管理办法、现场管理人员名单、现场管理人员证件、特种作业人员花名册、特种作业人员证件等。

（11）档案十一：工伤事故处理资料

工伤事故调查处理制度、工伤事故记录、工伤事故快报表、工伤事故月报表、职工意外伤害保险、其他有关资料等。

（12）档案十二：安全标志牌

安全标志牌一览表等。

（13）档案十三：各类设备、设施验收检测资料

现场施工机械设备登记表、现场安全防护用具登记表、机械设备安装验收表、机电设备测试记录表、防护设施验收表、模板工程验收表等。

二、安全资料收集的要求

安全资料的收集应做到与现场施工同步。按照规定分篇、分类编号，按顺序分别装订成册，装入档案盒，集中存放入资料柜，专人负责管理，避免丢失或损坏。且应做到格式一致、目录清晰、排序正确、编有页码、整齐美观。

1. 安全目标管理资料收集

安全目标一经确定，企业与安全部门，安全部门与现场施工项目部，项目部与各施工班组应分别签订安全生产和文明施工合同，双方签字后生效，并归档。

目标管理到期后应给予考核评价，并按考核办法奖罚，考评文件应归档。

2. 安全技术交底资料收集

安全技术交底记录一式三份，分别由交底人、安全员、被交底人留存，

签字生效后归档，并与工程同步进行。

3. 现场安全检查资料归集

不同形式的现场安全检查都有各自不同的要求和依据，如验收性检查的依据是相关专业对应的标准和规范，要求相应专业检查表格中不应出现空项，特别是检测和实验部分；新进场的机械、电气设施设备都应进行验收检查；脚手架、物料提升机、塔式起重机等不能一次性安装到位的设施设备，应安装一次就组织一次验收检查。

所有验收性检查中，监理、企业安全管理部门、项目部等负责人均应签字交接。

4. 安全教育资料归集

安全教育内容应具体，并记录在职工安全教育档案中。三级安全教育卡需与施工人员花名册归集整理后归档。

5. 班前安全活动资料归集

班前安全活动要有专用的记录本，班组长应认真做好活动记录。

6. 特种作业资料归集

特种作业人员名册及证书复印件必须收集整理入档。

7. 工伤事故处理资料归集

施工现场无论有无伤亡事故，都必须填写施工现场职工伤亡事故月报表，并在规定的时间内上报公司安全部门。工伤事故档案包括：施工现场伤亡事故月报表、事故调查记录、事故处理（结案）记录等。

8. 各类施工设施设备验收、监测记录资料归集

现场应收集整理各类设施设备的生产厂家营业执照、特种设备制造许可证书、出厂合格证书、质检合格证书、产品使用说明书、产品购置发票、产品正常使用年限等资料。

对于一些大型的设施设备，如塔式起重机、物料提升机等，应有相应的备案登记证书、产品合格证书、产品技术参数表、安拆单位的资质证书、安全生产许可证书、安拆方案、租赁合同、安拆人员名单、特种作业操作人员证书、基础验收的相关文件（验槽、隐蔽工程验收、混凝土试块强度报告等）、自检验收表、交接验收记录、安全技术交底记录、机械大修的技术文

件、主要配件的合格证书等。

安全资料应该单独整理成册，施工单位、监理单位应分别装订。为了理清责任，便于检查，工程竣工后，安全资料应按分项装订成册，上交公司档案室贮存保管。

三、安全资料管理的要求

施工现场应设置专职或兼职的安全资料员，持证上岗。在现场安全员的配合下及时收集、整理、装订安全资料，完成建档工作，以保证资料管理工作有序进行，促进企业安全管理的开展。施工现场的施工、技术、材料、机电、保卫、人事等有关工作人员必须按时为安全资料员提供相关资料。

安全资料的管理应做到现场实物、实际行为与记录相吻合，杜绝虚假信息，以便更好、更真实有效地反映现场安全管理的全貌及全过程。

安全资料要求表格清晰、字迹工整、内容真实、前后吻合、语言简练、针对性强、手续齐全。安全资料中相关要求的签名和盖章应齐全，做到字迹和印章清晰可见、纸张平整统一、表面整洁。

施工现场应制定安全资料的检查与审核制度，及时查找问题。若发现问题，应立即彻查并及时整改。施工总承包单位应当对分包单位的安全技术资料进行审核，在审查合格后盖章签字，报项目监理部审核。

施工现场应根据自身特点及相关档案形成规律，制定一套科学完善的安全资料档案管理制度，建立资料借阅台账，及时登记，及时追回。资料收回时应做好检查工作，避免安全资料损坏和丢失。

【案例导入】

案例一：××省建设协会对××工地安全资料检查（节选）

近期我协会受××建设公司委托，对××工地安全资料进行检查，发现以下问题：

（1）资料与工程进度不同步且内容不完整

因未发生事故而不填"施工现场伤亡事故月报表"，使该资料内容不全。

（2）资料真实性差

本工程无外电防护，却填上外电防护内容。

（3）资料填写人不明确

"电箱日常检查表"本应由专职人员负责检查填写，却一直由一名工地实习生负责。

（4）针对性差

脚手架工程施工方案，应有脚手架基础选材、搭设及拆卸方法等具体方案，且应附有脚手架平面图、立面图、节点图、架底排水图等相关图纸，而本工程脚手架既无具体施工方案又无详细图纸。

（5）消防设施检查缺失

楼梯间的灭火器已经过期，无任何检查报告，安全隐患极大。

上述问题，严重影响安全技术资料的质量，使资料流于形式，起不到应有的作用，大大增加了本工程的安全隐患，我协会在此代表××建设公司要求贵施工单位立即整改。

案例二：××施工项目部安全资料管理制度

为做好施工现场安全资料的记录、整理、归档和管理工作，做到现场实物与记录相符，行为与记录相吻合，遵循真实性、时效性和全面性原则，更好地反映安全管理的全貌，进一步使其达到标准化、规范化，特制定本制度。

第一条　职责与权限

1. 项目安全员负责本制度贯彻执行的监督与检查，项目经理进行实效检查，资料员具体负责本制度的实施。

2. 安全主管部门负责本制度贯彻执行情况的检查、监督、指导和评价。

3. 总包单位督促检查各分包单位编制的施工现场安全资料，分包单位负责其分包范围内施工现场安全资料的编制、收集和整理，向总包单位提供备案。

4. 建设单位负责监督、检查各参建单位施工现场安全资料的建立和积累。

5. 监理单位对工程施工现场安全资料的形成、积累、组卷进行监督检查，对施工单位报送的施工现场安全资料进行审核，并予以确认。

第二条　基本内容

1. 项目部应设置专职安全资料员，负责现场安全资料的整理、归档和管理工作。安全资料员必须经建设行政主管部门培训考试合格，持证上岗。

2. 安全资料实行建设行政主管部门规定的标准化管理，应按有关要求填写，并随工程进度同步对安全资料进行收集、整理、审验、归档。

3. 应遵循真实性、时效性和全面性原则，更好地反映安全管理的全貌及全过程。禁止"事后补编""代签姓名""弄虚作假"等不良行为。资料的整理应做到现场实物与记录相符，行为与记录相吻合。

4. 安全资料实行按岗位职责分工编写，及时归档，定期装订成册的管理办法。安全资料应按篇及编号分别装订成册，装入档案盒，集中存放于资料柜内。专人负责管理，以防丢失损坏。

5. 建立借阅台账，及时登记，及时追回，收回时做好检查工作，检查是否有损坏丢失现象发生。

6. 工程竣工后应移交公司安全管理部门收存、备查。

第三条　考核与评价

1. 安全管理主管部门负责对安全资料贯彻执行情况进行监督、检查、指导和评价。

2. 经检查确认不齐全的资料，应责令整改。整改落实情况由企业安全管理主管部门进行跟踪复查。

【学习思考】

1. 什么是安全资料？为什么要加强施工现场安全资料的管理？

2. 观察身边的施工现场，请举例说明施工现场的安全标志。

3. 某项目部为了创建文明施工现场，对现场管理进行了科学规划。该规划明确提出了现场管理的目的、依据和总体要求，对规范场容、环境保护和卫生防疫作出了详细的设计。以施工平面图为依据加强场容管理，对各种可能造成污染的问题均有防范措施，卫生防疫设施齐全。根据以上材料，回答以下问题：

①在进行现场管理规划交底时，有人说现场管理只是项目部内部的事，这种说法显然是错误的，请你提出两点理由。②施工现场管理和规范场容的最主要依据是什么？③与本案例相关的安全资料有哪些？

4. 为了迎接上级单位的检查，某施工单位临时在工地大门入口处的围墙上悬挂了"五牌一图"，检查小组离开后，项目经理立即派人将之拆下运至工地仓库保管，以备再查时用。根据以上材料，回答以下问题：

①本案例中，安全资料有哪些？②"五牌一图"是什么？③该工程对现场"五牌一图"的管理是否合理？请说明理由。

码 6-2　单元 6.1
学习思考参考答案

【实践活动】

1. 根据本市建筑行业的要求，自己搜索资料，拟定一份工程安全资料的目录。

2. 模拟一个施工项目，完成一次安全资料档案的建立工作。

单元 6.2　安全资料台账及其填写范例

通过本单元的学习，学生能够：初步了解安全资料台账的种类和基本样式，熟悉相应的填写方法。

安全资料台账是结合新法规、新规范、新标准，并根据有关建设行政主管部门的要求和各省市建设系统施工现场安全生产的实际状况，形成的一份内容齐全、排序规范、深度适当的安全生产管理内业资料（图 6-4、图 6-5）。安全资料台账主要包括工程概况表、现场安全生产管理网络、安全生产目标

图 6-4　安全资料台账

图 6-5　安全生产台账及安全生产管理制度样本

管理、安全教育、安全活动、安全检查、文明施工、消防、脚手架、深基坑支护、模板工程、现场防护、建筑施工用电、施工机械等内容，它对于帮助施工企业开展安全生产、文明施工具有较强的针对性和实用性。

表 6-1～表 6-16 为《浙江省建设工程施工现场安全管理台账》的节选。

建设工程项目安全监督登记表

表 6-1

建设单位（章）：＿＿＿＿＿＿＿＿＿＿＿＿＿＿＿＿＿＿＿＿＿＿＿

施工单位（章）：＿＿＿＿＿＿＿＿＿＿＿＿＿＿＿＿＿＿＿＿＿＿＿

登记日期：＿＿＿＿＿＿＿＿＿＿＿＿＿＿＿＿　安监编号：＿＿＿＿＿＿＿＿＿＿＿＿

建设单位：＿＿＿＿＿＿＿＿＿＿＿＿＿＿　安全目标：＿＿＿＿＿＿＿＿＿＿＿＿

工程名称：＿＿＿＿＿＿＿＿＿＿＿＿＿＿　工程地点：＿＿＿＿＿＿＿＿＿＿＿＿

项目负责人：＿＿＿＿＿＿＿＿＿＿＿＿＿＿　联系电话：＿＿＿＿＿＿＿＿＿＿＿＿

备案项目		备案内容	份数	页数
建设单位	1	建设工程项目基本情况表		
施工单位	2	企业安全生产许可证复印件		
	3	危险性较大的分部分项工程清单		
	4	项目安全文明施工组织管理机构与三类人员证书（企业主要负责人、项目负责人、专职安全生产管理人员）复印件		
	5	特种作业人员登记表及证件复印件		
	6	施工现场机械设备情况		
	7	建筑工程施工人员保险单		
	8	中标通知书复印件		
	9	其他相关资料（按工程实际补充填写）		

注：1. 本表一式四份，建设单位、施工单位、监理单位、安监机构各一份；
　　2. 施工单位在办理安全监督备案时，相关证件应提供原件及复印件

建设行政主管部门安全监督机构（章）

年　　月　　日

建设工程项目基本情况表　　　　　　　　表 6-2

建设单位（章）_____　　　项目负责人（建设单位）：_____

安监编号		登记日期	
工程名称		工程地址	
结构类型		建筑面积（m²）	
层／栋		工程造价（万元）	
计划开、竣工日期		安全管理目标	
施工单位		法定代表人 联系电话	
项目负责人		资格等级 联系电话	
勘察单位		项目负责人 联系电话	
设计单位		项目负责人 联系电话	
监理单位		项目总监 联系电话	
施工单位项目负责人（签名）： 　　　　年　　月　　日		项目总监理工程师（签名）： 　　　　年　　月　　日	
注：1."安监编号"由安监机构填写，其他由建设单位填写和有关人员签名； 　　2.本表一式四份，建设单位、施工单位、监理单位、安监机构各一份			

填表人：　　　　　　　　　　　　　　　　　　　联系电话：

危险性较大分部分项工程清单

表 6-3

工程名称： _____ 日期： _____

危险性较大分部分项工程名称	有	无	备注
一、基坑支护、降水工程			
开挖深度超过 3m（含 3m）或虽未超过 3m 但地质条件和周边环境复杂的基坑（槽）支护、降水工程。			
二、土方开挖工程			
开挖深度超过 3m（含 3m）的基坑（槽）的土方开挖工程			
三、模板工程及支撑体系			
（一）各类工具式模板工程：包括大模板、滑模、爬模、飞模等工程			
（二）混凝土模板支撑工程：搭设高度 5m 及以上；搭设跨度 10m 及以上；施工总荷载 10kN/m² 及以上；集中线荷载 15kN/m 及以上；高度大于支撑水平投影宽度且相对独立无联系构件的混凝土模板支撑工程			
（三）承重支撑体系：用于钢结构安装等满堂支撑体系			
四、起重吊装及安装拆卸工程			
（一）采用非常规起重设备、方法，且单件起吊重量在 10kN 及以上的起重吊装工程			
（二）采用起重机械进行安装的工程			
（三）起重机械设备自身的安装、拆卸			
五、脚手架工程			
（一）搭设高度 24m 及以上的落地式钢管脚手架工程			
（二）附着式整体和分片提升脚手架工程			
（三）悬挑式脚手架工程			
（四）吊篮脚手架工程			
（五）自制卸料平台、移动操作平台工程			
（六）新型及异型脚手架工程			
六、拆除、爆破工程			
建筑物、构筑物拆除工程			
七、其他			
（一）建筑幕墙安装工程			
（二）钢结构、网架和索膜结构安装工程			
（三）人工挖孔桩工程			
（四）预应力工程			
（五）采用新技术、新工艺、新材料、新设备及尚无相关技术标准的危险性较大的分部分项工程			

注：1. 凡有上述超过一定规模危险性较大分部分项工程专项方案的，在备注中注明，并由施工单位按有关规定组织专家论证；

2. 本表一式四份（安监机构部门、建设单位、监理单位、施工单位各一份）。

施工单位项目负责人签字：

监理单位项目负责人签字：

建设单位项目负责人签字：

施工现场特种作业人员及操作资格证书登记表

表 6-4

工程名称：

序号	工作单位	姓名	性别	出生年月	工种	发证单位	证书编号	证书有效日期	进场日期	出场日期

注：1. 建筑施工特种作业人员：建筑电工、建筑焊工（含焊接工、切割工）、建筑普通脚手架架子工、建筑附着升降脚手架架子工、建筑起重信号司索工（含指挥）、建筑塔式起重机安装拆卸工、建筑施工升降机司机、建筑物料提升机司机、建筑施工升降机安装拆卸工、建筑物料提升机安装拆卸工、高处作业吊篮安装拆卸工等；
2. 分包单位特种作业人员证书一并登记；
3. 本表用于办理安全监督登记手续时，进场日期、出场日期可不填写；施工过程中应动态登记。

填表人：　　　　　　　　　　　项目负责人：　　　　　　　　　　　日期：

244

建筑工人三级安全教育登记卡   表 6-5

工程名称：_____   工种：_____   编号：_____

姓名		性别		年龄		照片
户籍地址						
身份证号码						
进工地日期			建卡日期			
三级教育	内容		教育日期及学时		教育人签名及职务	受教育人签名
公司级						
项目部级						
班组级						
备注						

工地安全日记   表 6-6

日期		天气	
安全生产情况			

专职安全员：

各类安全专项活动实施情况检查记录表 　　　　　　　　表 6-7

工程名称			
专项活动名称		专项活动组织部门	
专项活动内容			
检查组人员		检查日期	
项目部参加人员			
项目部对安全专项活动的实施情况：			
上级部门检查组对安全专项活动提出的改进或整改意见：			
整改落实情况： 　　　　　　　　　　　项目负责人：　　　　　　　　年　月　日			

注：施工企业和项目部应积极贯彻建设行政主管部门开展的各类安全专项活动，并进行记录存档备查。施工企业自行开展的各类安全活动也应按本表进行记录

记录人：　　　　　　　　　　　　　　　　　　　　　　　　　　年　月　日

文明施工验收表

表 6-8

序号	验收项目	技术要求	验收结果
1	专项方案	施工现场文明施工应单独编制专项方案，制定专项安全文明施工措施。经项目负责人批准后方可实施	
2	封闭管理	围墙应沿工地四周连续设置。要求坚固、稳定、整洁、美观，不得采用彩条布、竹笆等。市区围墙设置高度不小于2.5m且应美化，其他工地高度不小于1.8m；彩钢板围挡高度不宜超过2.5m，立柱间距不宜大于3.6m，围挡应进行抗风计算；进出口应设置大门、门卫室，门头应有企业"形象标志"，大门应采用硬质材料制作，能上锁且美观、大方。外来人员进出应登记，工作人员必须佩戴工作卡	
3	施工场地	施工现场主要道路、加工场地、生活区地面应硬化，裸露的场地和集中堆放的土方应采取覆盖、固化等措施。施工现场应设置吸烟处，建筑材料、构件、料具须按总平面布置图，分门别类堆放，并标明名称、品种、规格等，堆放整齐。有防止扬尘的措施	
4	现场绿化	位于城市主要道路和重点地段的建筑工地，应当在城市道路红线与围墙之间，沿施工围墙及建筑工地在合适区域做临时绿化；现场出入口两侧，须进行绿化布置；在建筑工地办公区、生活区的适当位置布置集中的绿地。绿地布置应以开敞式为主，并设置花坛	
5	进出车辆	土方、渣土、松散材料和施工垃圾运输应采取密闭式运输车辆或采取覆盖措施；施工现场出入口处应有保证车辆清洁的冲水设施（洗车池及压力水源），并设置排水系统，做到不积水、不堵塞、不外流	
6	临时用房	临时用房选址应科学合理，搭设应编制专项施工方案。现场作业区与生活区、办公区必须明显划分。宿舍内净高度不小于2.5m，必须设置可开启式窗户，宿舍内的床铺不得超过2层，每间宿舍不宜超过8人，严禁采用通铺。临时用房主体结构必须安全，具备产品合格证或设计图纸	
7	生活卫生设施	施工现场应设置食堂、厕所、淋浴间、开水房、密闭式垃圾站（或容器）及盥洗设施等临时设施。盥洗设施应使用节水龙头，食堂必须有餐饮服务许可证，炊事员必须持健康证上岗，应穿戴洁净的工作服、工作帽和口罩，食堂配置消毒设施。办公区和生活区应有灭鼠、蟑螂、蚊、蝇等措施。固定的男女淋浴室和厕所，顶棚、墙面应刷白，墙裙应当贴面砖，地面铺设地砖，施工现场应设置自动水冲式或移动式厕所。宿舍建立卫生管理制度，生活用品摆放整齐	

序号	验收项目	技术要求	验收结果
8	防火防中毒	建立防火防中毒责任制，有专职（或兼职）的消防安全人员及足够的灭火器材。高度24m以上或单体30000m² 以上的在建工程应设置消防立管，数量不少于2根，管径不小于100mm，每层留消防水源接口，配备消防水枪、水带和软管。动用明火必须有审批手续和监护人，易燃易爆的仓库及重点防火部位应有专人负责。宿舍内严禁使用煤气灶、电饭煲及其他电热设备。宿舍区域内设置消防通道，且标志明显。使用有毒材料或在有可能存在有毒气体的部位施工时要采取防中毒措施	
9	综合治理	建立门卫值班制度，治安保卫责任落实到人。建立防范盗窃、斗殴等事件发生的应急预案，建立学习和娱乐场所。现场建立民工学校，开展教学活动	
10	表牌标识	现场设有"五牌一图"及读报栏、宣传栏、黑板报。主要施工部位、作业点和危险区域以及主要通道口必须针对性地悬挂醒目的安全警示牌和安全生产宣传牌	
11	保健急救	现场必须备有保健药箱和急救器材，配备经培训的急救人员。经常开展卫生防病宣传教育，并做好记录	
12	节能	临时设施应采用节能材料，墙体、屋面应采用隔热性能好的材料。施工现场采取降噪声措施，夜间施工应办理有关手续。现场禁止焚烧各类废弃物质，对现场易飞扬物质采取防扬尘措施，生活和施工污水经过处理后排放	
施工单位验收意见		监理单位验收意见		验收人员	项目负责人： 项目技术负责人： 项目施工员： 项目安全员： 验收日期：

三级动火许可证

表 6-9

存根

作业名称			动火部位	
动火时间	月　　日　　时　　分至　　月　　日　　时　　分止			
申请
动火理由				
作业人员
姓名			监护人姓名	
申请
动火人	申请日期		批准人	批准时间

三级动火许可证

操作人员执

作业名称			动火部位	
动火时间	月　　日　　时　　分至　　月　　日　　时　　分止			
动火须知及防火措施				

1. 在非固定的，无明显危险因素的场所进行动火作业等均属三级动火。
2. 三级动火，申请人应在三天前提出，批准最长期限为七天，期满应重新办证，否则视作无证动火。
3. 三级动火作业由所在班组填写，经项目防火负责人审查批准，方可动火。
4. 本表一式三联：动火人、动火监护人及查存。
5. 焊工必须持有效证件上岗，正确使用劳动防护用品；作业时必须遵守"十不烧"原则。
6. 操作前检查焊割设备、工具是否完好，电源线有无破损，各类保护装置是否齐全有效。
7. 动火前清除明火点周围的可燃物品，按要求配置灭火器，由专人进行监护。
8. 本表一式二联：操作人员及存根

| 作业人员
姓名			监护人姓名	
申请
动火人	申请日期		批准人	批准时间

高处作业防护设施安全验收表   表 6-10

施工单位：_____   工程名称：_____

序号	验收项目	技术要求	验收结果
1	安全帽	必须有产品生产许可证和产品质量合格证，产品应符合《头部防护 安全帽》GB 2811-2019 的要求，进场使用前必须经检测合格。不得使用缺衬、缺带及破损的安全帽，并在使用期内使用	
2	安全网	必须有产品生产许可证和产品质量合格证，产品应符合《安全网》GB 5725-2009 的要求，进场使用前必须经检测合格	
3	安全带	必须有产品生产许可证和产品质量合格证，产品应符合《安全带》GB 6095-2009 的要求，进场使用前必须经检测合格。安全带外观无异常，各种部件齐全，在使用期内使用	
4	楼梯口、电梯井口	楼梯口和梯段边应在 1.2m、0.6m 高处设置两道防护栏杆、杆件内侧挂密目式安全网。顶层楼梯口应有防护设施。安全防护门高度不得低于 1.8m，并设置 180mm 高挡脚板。电梯井口应每层设置硬隔离措施。防护设施定型化、工具化，且牢固可靠	
5	预留洞口、坑井防护	楼板面等处短边长为 250 ~ 500mm 的水平洞口、安装预制构件时的洞口以及缺件临时形成的洞口，应设置盖件，四周搁置均衡，并有固定措施；短边长为 500 ~ 1500mm 的水平洞口，应设置网格式盖件，四周搁置均衡，并有固定措施，上部满铺木板或脚手片；短边长大于 1500mm 的水平洞口四周应设置防护栏杆。各种预留洞口防护设施应严密、稳固	
6	通道口防护	防护棚宽度、长度应符合规定，各通道应搭设双层防护棚，采用脚手片时，层间距为 600mm，铺设方向应相互垂直，防护棚应按建筑物坠落半径搭设，各类防护棚应有单独的支撑系统。不得悬挑在外架上	
7	临边防护	临边防护应在 1.2m、0.6m 高处设置两道防护栏杆，杆件内侧挂密目式安全网。横杆长度大于 2m 时，必须加设栏杆柱。坡度大于 1：2.2 的斜面（屋面），防护栏杆的高度应为 1.5m。双笼施工升降机卸料平台门与门之间空隙处应封闭，吊笼门与卸料平台边缘的水平距离不应大于 50mm，吊笼门与层门间的水平距离不应大于 200mm	

续表

序号	验收项目	技术要求	验收结果
8	攀登	梯脚底部应坚实，不得垫高使用；折梯使用时上部夹角宜为 35°～45°，并应设有可靠的拉撑装置，梯子材质和制作质量应符合规范要求	
9	悬空作业	悬空作业处应设置防护栏杆或其他可靠的安全措施。悬空作业所有的索具、吊具等应经验收合格，悬空作业人员应系挂安全带	
10	移动式	操作平台应按规定进行设计计算。移动式操作平台，轮子与平台间应连接牢固、可靠，立柱底端距离地面不得大于 80mm。操作平台应按设计和规范要求组装，平台台面铺板严密。操作平台四周应按规定设置防护栏杆，并设置登高扶梯，操作平台的材质应符合规范要求	
11	悬挑式	悬挑式物料平台的制作、安装应编制专项施工方案，并应进行计算。悬挑式物料平台的下部支撑系统或上部拉结点，应设置在建筑结构上；斜拉杆或钢丝绳应按规范要求在平台两侧设置前后两道；钢平台两侧必须安装固定的防护栏杆，并应在平台明显处设置荷载限定标牌；钢平台台面、钢平台与建筑结构间铺板应严密、牢固	
施工单位验收意见	监理单位验收意见	验收人员	项目负责人： 项目技术负责人： 项目施工员： 项目专职安全员： 有关人员： 验收日期：

模板支架工程安全技术综合验收表 　　　　　　　　　表 6-11

工程名称：_____　　　　验收部位：_____

序号	验收项目	技术要求	验收结果
1	专项方案	模板支架工程专项施工方案编制、审核、审批手续齐全，超过一定规模危险性较大的模板支架工程应按规定进行专家论证。方案实施前必须进行安全技术交底	
2	支架基础	基础应坚实、平整，承载力符合方案要求，支架底部垫板符合规范要求，底部设纵横向扫地杆，有排水措施	
3	支架构造	立杆纵横间距不应大于 1.2m，模板支架步距不应大于 1.8m，水平杆连续设置；模板支架四周应满布竖向剪刀撑，中间每隔四排立杆设置一道纵、横向剪刀撑，由底至顶连续设置；模板支架四边与中间每隔 4 排立杆，从顶层开始向下每隔 2 步设一道剪刀撑	
4	支架稳定	支架高宽比不宜大于 3，当高宽比大于 3 时，应设置缆风绳或连墙件；立杆伸出顶层水平杆中心线至支撑点的长度应符合规范要求；浇筑混凝土时应对架体基础沉降、架体变形进行监控，基础沉降、架体变形应在规定允许范围内	
5	施工荷载	施工均布荷载、集中荷载应在设计允许范围内；当浇筑混凝土时，混凝土堆积高度应符合规定	
6	杆件连接	立杆应采用对接、套接或承插式连接方式，水平杆的连接应符合规范要求；当剪刀撑斜杆采用搭接时，搭接长度不应小于 1m	
7	底座与托撑	可调底座、托撑螺杆直径应与立杆内径匹配，配合间隙应符合规范要求，螺杆旋入螺母内长度不应小于 5 倍螺距。可调托撑应符合规范要求	
8	支架材质	钢管应选用外径 48.3mm，壁厚 3.6mm 的 Q235 钢管，无锈蚀、裂纹、弯曲变形。扣件应符合标准要求，并按要求进行检测	
9	支拆模板	支拆模板时，2m 以上高处作业必须有可靠的立足点，并有相应的安全防护措施；拆除模板应经批准，拆模时应设置警戒区、设专人监护，不得留有未拆除的悬空模板	
10	模板存放	各种模板堆放整齐、安全，高度不超过 2m，大模板存放要有防倾斜措施。脚手架或操作平台上临时堆放的模板不宜超过 3 层	
11	混凝土强度	模板拆除前必须有混凝土强度报告，强度达到设计要求后方可办理拆模审批手续	

续表

序号	验收项目	技术要求					验收结果
12	运输道路	在模板上运输混凝土必须有专用运输通道，运输通道应平整牢固					
13	作业环境	模板作业面的预留孔洞和临边应进行安全防护，垂直作业应采取上下隔离措施					
施工单位验收意见			监理单位验收意见			验收人员	项目负责人： 项目技术负责人： 项目专职安全员： 验收日期：

钢管扣件式脚手架安全技术综合验收表　　　　表 6-12

工程名称：_____　　　　　　　　验收部位：_____

序号	验收项目	技术要求	验收结果
1	施工方案	扣件式钢管脚手架专项方案编制、审核、审批手续齐全，高 50m 以上的扣件式钢管脚手架应按规定进行专家论证。方案实施前必须进行安全技术交底	
2	立杆基础	基础应平整夯实并用混凝土硬化，立杆应垂直稳放在金属底座或坚固底板上，外侧设置截面不小于 20cm×20cm 的排水沟。架体应在距立杆底端高度不大于 20cm 处设置纵、横向扫地杆	
3	架体与建筑结构拉结	24m 以下双排脚手架与建筑物宜采用刚性拉结，24m 以上双排脚手架与建筑物必须采用刚性连墙件按水平方向不大于 3 跨，垂直方向不大于 3 步设一拉结点，转角 1m 内和顶部 0.8m 内应加密。连墙件应从底层第一步纵向水平杆处开始设置，当该处设置有困难时，应采用其他可靠固定措施	
4	立杆间距与剪刀撑	钢管脚手架底排高度不大于 2m，其余脚手架不大于 1.8m，立杆纵距不大于 1.8m，横距不大于 1.5m。如搭设高度超过 25m 须采用双立杆或缩小间距。双排钢管脚手架中间宜每隔 6 跨设置一道横向斜撑，一字型、开口型双排脚手架的两端均应设置横向斜撑。剪刀撑应从底部边角从下到上连续设置，角度在 45°～60°，剪刀撑宽度不应小于 4 跨，且不小于 6m。剪刀撑搭接长度不少于 1m，且不小于 3 只旋转扣件	

续表

序号	验收项目	技术要求		验收结果
5	脚手板与防护栏杆	脚手板应每步铺满；脚手板应垂直墙面横向铺设，用18号镀锌铁丝双股并联4点绑扎；脚手架外侧应用合格密目网全封闭，用18号镀锌铁丝固定在外立杆内侧；脚手架从第二步起须在1.2m和0.6m高设同质材料的防护栏杆各一道和0.18m高的挡脚板，脚手架内侧形成临边的应设防护栏杆，脚手架外立杆高于檐口1.2～1.5m		
6	杆件连接	立杆必须采用对接（顶层顶排立杆可以搭接），大横杆可以对接或搭接，剪刀撑和其他杆件采用搭接，搭接长度不小于100cm，并不少于3只扣件紧固；相邻杆件的接头必须错开，同一平面上的接头不得超过总数的50%，小横杆两端伸出立杆净长度不小于10cm		
7	架体内层间防护	当内立杆距墙大于20cm时应铺设脚手板，施工层及以下每隔3步与建筑物之间应进行水平封闭隔离，首层及顶层应设置水平封闭隔离		
8	构配件材质	钢管选用外径48.3mm，壁厚3.6mm的Q235钢管，无锈蚀、裂纹、弯曲变形。扣件应符合标准要求，并按要求进行检测		
9	通道	脚手架外侧应设之字形斜道，坡度不大于1∶3，宽度不小于1m，转角处平台面积不小于3m²，立杆应单独设置，不能借用脚手架外立杆，并应在垂直方向和水平方向每隔一步或一个纵距设一连接。并在1.2m和0.6m高分别设防护栏杆各一道和0.18m高挡脚板，外侧应设置剪刀撑，并用合格的密目式安全网封闭，脚手板应横向铺设，并每隔0.30m设一道防滑条		
10	门洞	脚手架门洞宜采用上升斜杆，平行桁架下的两侧立杆应为双立杆，副立杆高度应高于门洞1～2步；门洞桁架中伸出上下弦杆的杆件端头，均应设一防滑扣件		
施工单位验收意见		监理单位验收意见	验收人员	项目负责人： 项目技术负责人： 项目专职安全员： 架子搭设班组负责人： 架子搭设单位安全管理人员： 验收日期：

高处作业吊篮安全技术综合验收表 表 6-13

工程名称：_____ 验收部位：_____

序号	验收项目	技术要求	验收结果
1	施工方案	高处作业吊篮专项施工方案的编制、审核、审批手续齐全。吊篮支架支撑处的结构承载力应经过验算。方案实施前必须进行安全技术交底	
2	安全装置	吊篮应安装防坠安全锁，并应灵敏有效。防坠安全锁必须在有效标定期内使用，有效标定期不应大于1年。安全锁应由检测机构检验，检验标识应粘贴在安全锁的明显位置处。吊篮应设置作业人员挂设安全带专用的安全绳和安全锁扣。安全绳应固定在建筑物可靠位置上，不得与吊篮上的任何部位连接。吊篮应安装上限位装置，并应保证限位装置灵敏可靠	
3	悬挂机构	悬挂机构前支架不得支撑在脚手架、女儿墙及建筑物外挑檐边缘等非承重结构上，必须安装在建筑结构、钢结构平台等上方。悬挂机构宜采用刚性连接方式进行拉接固定。悬挂机构前梁外伸长度应符合产品说明书规定。前支架应与支撑面垂直，且脚轮不应受力。上支架应固定在前支架调节杆与悬挑梁连接的节点处。严禁使用破损的配重块或其他替代物。配重块应固定可靠，重量应符合设计规定	
4	钢丝绳	钢丝绳不应存在断丝、断股、松股、锈蚀、硬弯及油污和附着物。安全钢丝绳应单独设置，型号规格应与工作钢丝绳一致。吊篮运行时安全钢丝绳应张紧悬垂。电焊作业时应对钢丝绳采取保护措施	
5	安装作业	吊篮平台的组装长度应符合产品说明书和规范要求。吊篮的构配件应为同一厂家的产品	
6	升降作业	操作升降人员必须经过培训合格。吊篮内的作业人员不应超过2人。吊篮内作业人员应将安全带用安全锁扣正确挂置在独立设置的专用安全绳上。作业人员应从地面进出吊篮	
7	安全防护	吊篮平台周边的防护栏杆、挡脚板的设置应符合规范要求。多层或立体交叉作业时吊篮应设置顶部防护板	

续表

序号	验收项目	技术要求				验收结果
8	吊篮稳定	吊篮作业时应采取防止摆动的措施，吊篮与作业面距离应在规定要求范围内				
9	荷载	吊篮施工荷载应符合设计要求，且应均匀分布				
施工单位验收意见			监理单位验收意见		验收人员	项目负责人： 项目技术负责人： 项目专职安全管理人员： 吊篮租赁单位负责人： 吊篮安装单位技术负责人： 验收日期：

塔式起重机每日使用前检查表　　　表 6-14

工程名称		使用单位	
设备型号		备案登记号	
安装单位		检查日期	年　　月　　日
检查结果代号说明		√＝合格　○＝整改后合格　×＝不合格　无＝无此项	

序号	检查项目	检查结果	备注
1	基础无积水、杂物，无异常现象，接地装置可靠		
2	预埋螺杆、地下节螺栓紧固无松动		
3	主要结构件无可见裂纹、开焊和明显变形现象		
4	标准节连接螺栓紧固、连接销轴无退出现象		
5	吊钩无裂纹、严重磨损，防钢丝绳脱钩装置完好可靠		
6	防断绳、防跳槽、防断轴保险完好可靠		
7	制动器灵敏可靠，电机无异响		
8	各部位滑轮润滑良好，无破损，转动灵活		
9	钢丝绳排列整齐，无压扁、变形弯曲现象		
10	钢丝绳无严重磨损、断丝、缺油现象		
11	起重量、力矩限制器灵敏可靠		
12	各部位限位器灵敏可靠		

续表

13	附墙装置连接螺栓紧固、销轴齐全，安装可靠		
14	附墙杆无开焊、裂纹、变形		
15	主电缆无破损、无严重扭曲变形现象		
16	过流、过热、短路保护、漏电保护器件应完好，灵敏可靠		
17	接地、接零是否正确可靠		

发现问题：	维修情况：

司机签名：

【案例导入】

案例一：安全技术交底记录表填写

安全技术交底记录表　　编号：G0822-2014-7-26-01　　表 6-15

工程名称	××工地	分部分项 工程名称	
作业部位	基础	作业内容	
交底类别	岗前安全技术交底	交底日期	2019-8-26
交底内容	1. 进入施工现场，必须戴好安全帽，扣好安全帽带。新工人进场必须进行三级安全教育并签字，考试合格后方可上岗作业。 2. 电线不得乱拉乱接，不得拖地，不得擅自接电线，要用三相五线制。 3. 按施工组织设计要求及《建筑施工安全检查标准》JGJ 59-2011 标准文明施工。 4. 作业时严禁打闹嬉戏，严禁穿拖鞋、赤膊上班，严禁酒后上岗。 5. 做好文明施工工作，各种材料分类、分规格堆放在指定地点，施工现场多余材料应及时清理，生活区的设施应清洁、整齐。 6. 班前交底，班后清理，做到"三上岗、一讲评"工作，并做好记录。 7. 严格执行国家、公司、项目部的有关规定、规范、标准和制度。 8. 配合好项目安全员和其他班组做好安全生产、文明施工工作。 9. 委托班组长对本班组其他人员进行安全技术交底和安全教育。 10. 严格执行安全生产责任制，按本工种的安全操作规程操作，不违章指挥、不违章作业、不冒险作业。 11. 发现安全隐患及时通知项目部或班组长。 12. 对项目部签发的安全隐患整改通知书必须及时进行整改。 13. 各班组必须做好消防安全工作，发现火灾应及时进行扑救，并通知项目部。

交底内容	14. 安全防护设施、警示设施，如防护栏杆、安全标志和警告牌不得擅自拆除，如需拆除的，必须经项目安全员同意后，采取相应的防护措施方可拆除。 15. 基础分部各施工班组都必须接受"总技术交底"，由安全员、项目经理对各班组长先交底，再由班组长对本组进行"分交底"

交底人	项目技术负责人签名		接受交底 负责人签名	
	项目专职安全员签名			
作业人员签名				

注：1. 交底类别指总（分）包安全技术交底、专项施工方案安全技术交底、工人岗前安全技术交底、季节性交底等；
　　2. 专项施工方案交底内容较多时可附有关交底资料；
　　3. 本表一式三份，交底人、接受交底人、安全员各一份

案例二：项目部安全活动记录表填写

项目部安全活动记录　　　编号：002　　表6-16

班组名称	各班组焊工及管理人员	主持人	郭××	日期	2018-7-27

参加人员：各班组焊工及管理人员
施工安全基本要求：
　　1. 班前检查周围工作环境；　　2. 班中检查不安全的问题；
　　3. 班后检查活完场清情况；　　4. 严格遵守十项安全措施；
　　5. 自觉维护现场安全设施；　　6. 时时注意不安全行为；
　　7. 人人关心他人安全；　　　　8. 生产必须服从安全。
安全技术交底要求：
　　1. 本交底由工地技术负责人交底；
　　2. 技术交底针对性要强、要全面；
　　3. 项目经理、安全员、班（组）长均为接受交底人，接受交底后应签字；
　　4. 公司安全、技术部门，项目经理、项目安全员、技术负责人、交底人和接受交底人各持一份。
针对性安全技术交底内容：
　　1. 电（气）焊工必须持有效证件、挂牌上岗；
　　2. 进入施工现场必须正确佩戴安全帽；作业人员必须从安全梯道上下，禁止攀爬上下；
　　3. 电焊机接地或接零必须良好，电源拆装必须由电工进行；雷雨天，应停止露天作业；
　　4. 电焊机要设单独开关，开关应设在防雨的电箱内，拉合时应戴手套侧向操作；
　　5. 氧气瓶、乙炔瓶应有防振圈，旋紧安全帽，避免碰撞或剧烈振动；
　　6. 点火时焊枪口不准对人，发现回火应立即关闭开关；
　　7. 电（气）焊工操作时，应穿绝缘鞋、戴皮手套、戴防护眼镜；
　　8. 工作完毕要切断焊机电源，关好气瓶阀门，检查作业场所，确认无着火危险后方准离开；
　　9. 班组长班前要进行安全技术交底，提醒应注意事项；
　　10. 作业时，要严格执行电工安全技术操作规程、高处作业操作规程，禁止违章作业。

主持人签名：

案例三：工程概况表填写（表6-17）

××工程概况表

表6-17

工程名称	××港城邻里中心	结构类型	框架结构	建筑面积	43629.8m²
建设单位	××邻里中心城镇开发有限公司	现场负责人	苏××	联系电话	
监理单位	××建设监理有限责任公司	总监/监理	王××	联系电话	
设计单位	××建筑设计院	负责人		联系电话	
项目经理	李××	联系电话			
项目工程师	曹××	联系电话		施工员	王××
土方施工单位	/	负责人	/		
桩基施工单位	/	负责人	/	联系电话	/
其他施工单位	/	负责人	/	联系电话	
架子施工负责人	/	维修电工		联系电话	
钢筋工负责人	/	瓦工负责人	/	机修工	/
塔式起重机司机	/	塔式起重机指挥人	/	木工负责人	/
文明卫生负责人	郭××	消防责任人	郭××		
开工日期	2019/12/1	竣工日期	2020/08/20	安全员	洪×× 郭××

【学习思考】

1. 简述安全资料台账的作用。

2. 项目开工前，需要准备哪些安全资料台账？

3. 项目经理在安全资料台账管理中起什么作用？

4. 根据所学知识，以及自己搜索的资料，编制一份基础混凝土浇筑的安全技术交底记录表，见表6-18。

安全技术交底记录表　　编号：　　　　　表 6-18

工程名称		分部分项工程名称	基础工程
作业部位		作业内容	混凝土浇筑
交底类别		交底日期	
交底内容			
交底人	项目技术负责人签名	接受交底负责人签名	
	项目专职安全员签名		
作业人员签名			

注：1. 交底类别指总分包安全技术交底、专项施工方案安全技术交底、工人岗前安全技术交底、季节性交底等；
　　2. 专项施工方案交底内容较多时可附有关交底资料；
　　3. 本表一式三份，交底人、接受交底人、安全员各一份

5. 根据案例填写安全事故快报表（见表 6-19）

事故经过：2019 年 8 月 9 日，天气：阴。某商住楼施工现场，架子工任某等两人到位于 25 层的悬挑防护棚上对堆放在其上面的钢管进行捆扎，以便用塔式起重机吊运到地面。上午 9 时 30 分左右，任某在防护棚上捆扎钢管时，防护棚突然失稳变形，向下倾斜。任某从防护棚坠落到地面，坠落高度 74.3m。同时，该防护棚上面未捆扎好的数十根钢管随之滑落，砸中地面上的社会人员刘某和唐某。三人立即被送往医院抢救，但经抢救无效死亡。

事故原因分析：①施工企业违章将拆下来的脚手架钢管堆放在防护棚上面，荷载超出了防护棚的承载能力，导致防护棚失稳；②脚手架拆除区域周围未设置隔离区，无明显标志，无专人看守。当建筑靠近街道时，敞口立面

必须挂满安全网或采取其他可靠措施；③工人高处作业未系安全带；④施工企业安全管理体系不健全，现场管理混乱。

工程建设安全事故快报表　　　　　　　表 6-19

事故基本信息				
序号		*事故发生时间		
*天气气候		*事故发生地点		
*发生地域类型		*发生区域类型		
*事故发生部位		*事故类型		
事故简要经过原因初步分析				
事故人员伤亡情况				
*死亡人员数量（人）			*重伤人员数量（人）	

施工伤亡人员情况部分表格：

	死亡人员数量（人）			重伤人员数量（人）	
总人数	施工人员人数	非施工人员人数	总人数	施工人员人数	非施工人员人数

施工伤亡人员情况

姓名	性别	年龄	工种	用工形式	文化程度	从业时间	承包形式	伤亡情况

备注：加 * 的项目为第一次快报必填项。

【实践活动】

每个小组完成一份安全资料台账的填写工作。

参考文献

[1] 中华人民共和国住房和城乡建设部.建筑施工安全检查标准JGJ 59-2011 [S].北京：中国建筑工业出版社，2011.

[2] 中华人民共和国住房和城乡建设部.建筑机械使用安全技术规程JGJ 33-2012[S].北京：中国建筑工业出版社，2012.

[3] 中华人民共和国建设部.施工现场临时用电安全技术规范JGJ 46-2005 [S].北京：中国建筑工业出版社，2005.

[4] 郭秋生，邓伟安，李欣.建筑工程安全管理[M].北京：中国建筑工业出版社，2006.

[5] 李天忠.施工企业安全管理实务汇编[M].天津：天津大学出版社，2012.

[6] 宋健，韩志刚.建筑工程安全管理[M].北京：北京大学出版社，2011.

[7] 王鹏，秦海磊.安全员专业技能入门与精通[M].北京：机械工业出版社，2011.

[8] 住房和城乡建设部工程质量安全监管司.建筑施工安全事故案例分析[M].北京：中国建筑工业出版社，2010.

[9] 王海滨，蔡敏，陈南军，王萍，张磊.工程项目施工安全管理[M].北京：中国建筑工业出版社，2013.

[10] 吴瑞卿.建筑施工安全专项方案编制新技术与实例[M].北京：中国建筑工业出版社，2008.

[11] 姜敏.现代建筑安全管理[M].北京：中国建筑工业出版社，2009.

[12] 王世富，李雪峰.建筑安全管理手册[M].北京：中国建材工业出版社，2012.

[13] 李坤宅.建筑施工安全资料手册[M].北京：中国建筑工业出版社，2007.

[14] 宋功业，徐杰，宋樱花.施工现场安全防护与伤害救治[M].北京：中国电力出版社，2012.